Valentin Riaby
Vladimir Savinov, Pavel Masherov
Valery Yakunin

Diagnostic complet d'une section de plasma inductif d'un propulseur ionique

Valentin Riaby
Vladimir Savinov, Pavel Masherov
Valery Yakunin

Diagnostic complet d'une section de plasma inductif d'un propulseur ionique

ScienciaScripts

Imprint
Any brand names and product names mentioned in this book are subject to trademark, brand or patent protection and are trademarks or registered trademarks of their respective holders. The use of brand names, product names, common names, trade names, product descriptions etc. even without a particular marking in this work is in no way to be construed to mean that such names may be regarded as unrestricted in respect of trademark and brand protection legislation and could thus be used by anyone.

Cover image: www.ingimage.com

This book is a translation from the original published under ISBN 978-620-2-19738-0.

Publisher:
Sciencia Scripts
is a trademark of
Dodo Books Indian Ocean Ltd. and OmniScriptum S.R.L publishing group

120 High Road, East Finchley, London, N2 9ED, United Kingdom
Str. Armeneasca 28/1, office 1, Chisinau MD-2012, Republic of Moldova, Europe
Managing Directors: Ieva Konstantinova, Victoria Ursu
info@omniscriptum.com

Printed at: see last page
ISBN: 978-620-3-50593-1

Résumé

Un plasma xénon basse pression inductif à radiofréquence (RF) a été généré dans une section de décharge de gaz d'un modèle de propulseur ionique. Son diagnostic complet a consisté en une technique intégrale et locale. Les diagnostics intégraux d'une section de décharge de gaz comprenaient les mesures des paramètres généraux de la ligne d'alimentation de la décharge et du dispositif de décharge RF. Les diagnostics locaux du plasma ont déterminé les distributions des paramètres du plasma dans l'espace de décharge du gaz qui ont montré la qualité de la conception de la section RF et ont été utilisés pour le développement efficace du propulseur d'ions. Le diagnostic intégral a été réalisé à l'aide de la méthode brevetée des auteurs qui a permis de déterminer l'image technico-physique globale de l'installation. Des mesures précises ont été effectuées à l'aide de sondes Langmuir cylindriques classiques dont les fils sont protégés contre les interférences RF par des blindages nus conventionnels et dont les dimensions des extrémités de la sonde permettent d'obtenir des distorsions locales du plasma négligeables. Une analyse spéciale des paramètres du plasma mesurés a montré que ces blindages déformaient le plasma de xénon en abaissant tous ses paramètres, tandis que la disposition des diagnostics de la sonde dans la section de décharge RF a permis de déterminer l'ampleur des erreurs de mesure de la sonde et de corriger les données obtenues. Grâce aux diagnostics précis de la sonde, trois nouvelles applications de la sonde de Langmuir ont été proposées dans le présent travail : 1) élimination de l'influence du bouclier de protection de la sonde nue sur les résultats de mesure ; 2) mesures des épaisseurs de la gaine de la sonde et de la masse ionique moyenne à l'aide de sondes cylindriques dans des plasmas maxwelliens ; 3) évaluation des distributions de la densité de courant ionique vers une électrode d'extraction d'ions d'un propulseur d'ions à l'aide d'un simulateur de sonde à paroi plane.

Mots clés : plasma à décharge gazeuse, décharge ICP, bobine d'antenne, noyau de ferrite, sonde de Langmuir, plasma maxwellien, effet Bohm, loi de Boltzmann, loi de " puissance 3/2 ".

Remerciements

Les auteurs souhaitent exprimer leur sincère gratitude au professeur V. Godyak et à son collègue B. Alexandrovich pour leur amitié et leur aide efficace dans l'organisation des présentes expériences.

La partie initiale de ce travail a été soutenue par la subvention du gouvernement de la Fédération de Russie n° 11.G34.31.0022, la subvention du président de la Fédération de Russie n° NSh-895.2014.8 et les accords n° 02.G25.31.0072 et 14.577.21.0101 et la partie finale a été soutenue par le ministère de l'Éducation et des Sciences de la Fédération de Russie, projet n° 9.9055.2017/BP.

Table des matières

INTRODUCTION

Le plasma à couplage inductif (ICP) à radiofréquence (RF) généré dans une section d'entrée de décharge de gaz d'un modèle de propulseur ionique RF (RIT) représente le sujet du présent travail. Une bobine d'antenne planaire renforcée par un noyau de ferrite a été utilisée dans cette section pour générer le propulseur du propulseur - plasma de xénon à la pression $p = 2$ mTorr. Le diagnostic complet du plasma de xénon se compose de deux parties : a) un diagnostic intégral détaillé établi selon la méthode brevetée de l'auteur et b) un diagnostic local du plasma à l'aide de mesures précises effectuées par des sondes de Langmuir.

Les diagnostics intégraux comprenaient des mesures *a priori* des paramètres de la bobine d'antenne en espace libre et à l'intérieur de l'unité de décharge assemblée, ainsi que des mesures ultérieures des courants de la bobine d'antenne sans décharge et avec décharge ICP dans ladite section de décharge gazeuse. On a ainsi obtenu une image technico-physique détaillée de l'installation, y compris la perte de puissance RF dans tous les éléments de la ligne d'alimentation de la décharge et l'efficacité du transfert de puissance RF du générateur RF (RFG) au plasma *pGP*. Tous ces paramètres ont été déterminés au moment de l'adaptation exacte du RFG à la charge. Pour la puissance RFG incidente Pin< 250 W, l'efficacité de la section de décharge était t/gp^0,88.

Les paramètres locaux du plasma ont été mesurés par la station de sondes automatisée la plus avancée, VGPS-12, qui a permis une détermination très précise des paramètres du plasma à l'aide de sondes cylindriques classiques de deux modèles et d'un simulateur de sonde plan-paroi. Ces mesures ont permis de déterminer les distributions spatiales des paramètres du plasma dans une " tablette " de plasma de 146 mm de diamètre et de 39 mm d'épaisseur qui représente la moitié de l'espace de décharge des gaz situé devant la grille d'extraction des ions (IEG) du propulseur. Le diagnostic par sonde a été effectué à l'aide de deux types de sondes : la sonde 1, droite et mobile radialement, qui passait à des positions radiales *r* ('G60 mm à une distance de *z=33* mm de la surface interne de l'unité de bobine d'antenne, et la sonde 2, verticale et en forme de L, insérée dans le fond de la chambre à 30 mm de son axe et munie d'un épaulement perpendiculaire avec une pointe de sonde similaire ; la sonde 2 se déplaçait le long de l'axe de la tablette de plasma et tournait autour de son propre axe pour effectuer des mesures dans la tablette de plasma. Les longueurs des deux pointes de sonde étaient égales à 10 mm, longueur choisie lors de l'expérience spéciale qui a montré des distorsions locales négligeables du plasma causées par la recombinaison du plasma sur leurs supports de sonde de 1,6 mm de diamètre. Les deux sondes ont été fournies avec des blindages tubulaires nus classiques (1,6 mm de diamètre extérieur) protégeant les fils de la sonde contre les interférences RF. Après la description de la conception de l'installation expérimentale et des détails de l'arrangement de mesure des sondes, les résultats des diagnostics des sondes ont été présentés. Pour les sondes de deux types, ils se sont avérés assez différents. Leur analyse a permis de conclure que les écrans de protection des sondes nues généraient des perturbations du plasma et de la fonction de distribution de l'énergie des électrons (EEDF) et qu'elles dépendaient linéairement de la longueur de l'écran de la sonde-1. Ces perturbations diminuaient les résultats de diagnostic de la sonde-1, ce qui a été révélé quantitativement dans le point spécial de la tablette de plasma où les paramètres du plasma ont été obtenus par les deux sondes sans le bouclier de la sonde-1 et avec le bouclier plutôt long de la sonde-2. Cette particularité a permis de corriger les résultats de mesure de la sonde 1 en éliminant ou peut-être en réduisant l'influence de son écran nu. Les travaux des auteurs précédents ont permis de comprendre la nature physique de ces distorsions du plasma et de l'EEDF sous la forme d'un phénomène de double sonde court-circuitée initié par le plasma autour du bouclier de la sonde nue.

La précision des mesures de la sonde a stimulé la création de trois nouvelles applications de la sonde de Langmuir dans le présent travail : 1) élimination de l'influence du bouclier de protection de la sonde nue sur les résultats de mesure ; 2) mesure de l'épaisseur de la gaine de la sonde et de la masse moyenne des ions à l'aide de sondes cylindriques qui fonctionnent dans des plasmas maxwelliens où l'effet Bohm, la "puissance 3/2" et les lois de Boltzmann sont valables ; 3) évaluation des distributions de densité de courant ionique devant une électrode d'extraction d'ions d'un propulseur d'ions en utilisant le simulateur de sonde à paroi plane sous la forme d'une tige en céramique mobile radialement avec la sonde plane à son extrémité, la surface en céramique autour de la sonde simulant des conditions proches de celles qui règnent devant la grille d'extraction d'ions (IEG).

Diagnostic intégral d'un dispositif de décharge de gaz ICP

I.1 Considérations générales

L'opération la plus courante du diagnostic intégral des appareils ICP est représentée par la mesure de l'efficacité du transfert de puissance RF du générateur RF au plasma de décharge *nGP=Fp/Fin* où *PP* est la puissance RF absorbée par le plasma de décharge ICP et *F-m* est la puissance RFG incidente. Ce paramètre est déterminé assez facilement lors de l'adaptation exacte du RFG à sa charge sous forme de décharge ICP lorsque la puissance RF réfléchie par la charge est réduite à zéro. Cet état de décharge est obtenu en réglant le réseau d'adaptation (MN) pour réduire la puissance RF réfléchie, ce qui ne nécessite pas d'attention particulière dans le cas d'un MN automatique et prend du temps et des efforts lorsque le MN est utilisé manuellement. Lorsque le RFG est exactement adapté à sa charge, la puissance RF incidente *Pm=Pa/2* (*FG* est la puissance totale du RFG) et donc la puissance RF absorbée par le plasma FP atteignent leur limite supérieure, ce qui permet une compensation mutuelle des tensions sur tous les éléments réactifs d'une ligne d'alimentation électrique, y compris les câbles, les connecteurs, le MN, la bobine d'antenne et les courants de Foucault dans les parties métalliques à côté. Dans cet état, la ligne d'alimentation électrique devient purement active en obéissant à la loi d'Ohm et la formule écrite ci-dessus pour *nGP* par rapport à la puissance RF incidente *Fin* détermine l'efficacité maximale de transfert d'énergie RF qui est deux fois plus faible par rapport à la pleine puissance RFG *FG=2Fin* qui peut être nécessaire, par exemple, pour évaluer la consommation générale d'énergie électrique d'un appareil orbital. La détermination de l'efficacité *7]GP* est réalisée par des mesures des courants de bobine d'antenne *Io* sans décharge et *I* avec décharge brûlante à l'adaptation exacte RFG-charge (ici et ci-dessous l'indice "0" désigne les paramètres du système assemblé sans décharge). Selon la loi d'Ohm en l'absence de décharge ICP

F1n=l02^Ld0 (1)

où le courant d'antenne *I0* est mesuré comme un paramètre de moyenne quadratique et *RLd0* est la résistance de charge RFG sans décharge égale à la résistance de sortie RFG *RGO* sans décharge qui, en l'absence de fuites de puissance RF, peut être écrite comme la somme *RLd0=Rv+RLn* (RA est la résistance d'antenne dans l'espace libre RAfr additionnée à la résistance équivalente REdeq des courants de Foucault, RA=RAfr+REdeq, et RI,, est la résistance de la ligne d'alimentation de décharge). Lorsque la décharge ICP brûle

$$P\ m=P\ RLd=I2(RLd0+Rpeq)=\text{I}2\ Rldo+Fp.$$

R_{Peq} est la résistance équivalente du plasma de décharge selon le modèle de transformateur de la décharge ICP [1] et F_P est la puissance RF absorbée par le plasma de décharge.

En divisant les deux parties de cette expression par P_{in} et en tenant compte de (1), on obtient la formule de l'efficacité du transfert de puissance RF par rapport à la puissance RF incidente

$$nGP=PP/Pin=1-(///0)_2 \quad (2)$$

Ce paramètre représente la caractéristique physique d'un appareil ICP dépendant du niveau d'équilibre d'ionisation dans le plasma de décharge et sa forme technique montrant l'efficacité énergétique générale de l'appareil qui est déterminée par sa conception de construction et l'ingénierie du circuit. Sans la connaissance de ce paramètre, le diagnostic local du plasma n'a aucune base physique. C'est pourquoi la nécessité de telles mesures a été mentionnée dans [2]. La signification très importante de l'efficacité $n_{<,p}$ a rendu sa mesure obligatoire dans presque toutes les études expérimentales des appareils ICP - voir par exemple [3].

Une méthode plus complexe de ce type de diagnostic intégral a été proposée dans [1], selon laquelle les paramètres électriques de la bobine d'antenne, le facteur Q *Q, l'*inductance *L* et la résistance électrique *R,* ainsi que le niveau des propriétés locales du plasma, la concentration d'électrons n_e et la fréquence de collision électron-atome v_{ea}, étaient considérés comme connus à *l'avance.* En conséquence, des équations décrivant les propriétés générales du plasma ICP ont été dérivées et les courants, les tensions et les déphasages mesurés entre eux pour une bobine d'antenne cylindrique avec et sans décharge ont donné l'ensemble des paramètres de la décharge ICP et du système.

Dans le présent travail, une méthode modifiée et étendue de diagnostic intégral de l'appareil ICP a été proposée pour connaître *a priori* les paramètres du plasma local en utilisant les mesures préliminaires du facteur Q de la bobine d'antenne $Q=oL_A/R_A$ $(rn=2nf$ est la fréquence angulaire du champ RF), de l'inductance L_A et de sa résistance active R_A à la fréquence de commande *f* dans les espaces libres et assemblés de l'appareil ICP, en tenant compte de la possibilité de fuites de puissance RF. Cette méthode a été reconnue par l'Office russe des brevets comme une invention protégée par un brevet [4] et décrite en détail avec l'analyse de deux exemples pratiques dans l'article [5]. Les principaux paramètres du dispositif à mesurer étaient les courants *I* et *Io* de la bobine d'antenne avec et sans décharge, respectivement, déterminés lors de l'adaptation exacte de la charge du RFG à l'aide d'un moniteur de courant RF dans le circuit de la bobine d'antenne près de son point de mise à la terre et d'un autre moniteur de courant RF de contrôle installé à la sortie du RFG. L'adaptation exacte du RFG à la charge entraîne le transfert de la puissance RF maximale du RFG à la décharge du PCI, garantit une protection efficace du RFG contre les dommages causés par un niveau élevé de puissance réfléchie par la charge et permet de déterminer l'efficacité énergétique du dispositif PCI à l'aide de la formule (2).

La méthode proposée a permis de révéler les formes physico-techniques des unités de décharge gazeuse du PCI étudiées à l'aide d'un ensemble de 29 indicateurs de contrôle qui, à la suite des travaux classiques [1], étaient basés sur les paramètres électriques d'une bobine d'antenne connue *à l'avance* et qui, à la différence de ces travaux, devaient être mesurés de deux manières : en espace libre, loin des parties électriquement conductrices du propulseur, et à l'intérieur du dispositif du PCI assemblé.

1.2 Mesures préliminaires des paramètres de la bobine d'antenne

Toutes les mesures du diagnostic intégral proposé ont été effectuées à la fréquence de commande *f*. Les paramètres électriques de la bobine d'antenne ont été mesurés à l'aide d'un Q-mètre. En espace libre, le facteur Q de la bobine d'antenne *QAfr* et son inductance *LAfr* ont atteint leurs valeurs maximales tandis que sa résistance active *RAfr* était minimale. Dans un dispositif ICP assemblé et en l'absence de décharge, le champ électromagnétique RF de la bobine a excité des courants de Foucault dans les parties métalliques adjacentes. Leur influence a été constatée par des mesures du facteur Q *QA* qui ont déterminé les valeurs de LA et RA dans cette position. Les résultats de ces mesures caractérisent la conception du système en diminuant le *facteur Q* en raison de la résistance équivalente supplémentaire REdeq des courants de Foucault, c'est-à-dire RA=RAfr+REdeq, et en diminuant LAfr par le champ magnétique propre des courants de Foucault, c'est-à-dire LA=LAfr- LEd. Ces paramètres représentent un ensemble initial d'indicateurs de contrôle de la conception : *QAfr=D1*, LAfr=D2, RAfr=D3, *QA=D4*, *AQ*. Afr==100%(*Q*,f-Q,A)*Q*. f=D5, LA=D6, *JLAfr=100%*(LAfr-LA)/LAfr=D7, RA=D8, REdeq=R,-RAfr==D9, *ARAfr=100%*(RA- RAfr)/RAfr=100%REdeq/RAfr=D 10.

1.3 Mesures du courant de la bobine d'antenne sans décharge

Le courant de la bobine de l'antenne est mesuré à l'aide d'un transformateur de courant RF. Il s'agit généralement d'une ceinture Rogovsky, ou d'un moniteur de courant RF entourant un fil où circule le courant à mesurer. Cet instrument connecté à un voltmètre RF ou à un oscillographe représente le principal système de mesure pour le diagnostic intégral de l'appareil ICP. La méthode proposée pour ces diagnostics comprend la mesure du courant de bobine "pur" *I1* qui soutient la décharge et le même courant additionné à tous les courants de fuites incontrôlables ILk qui pourraient apparaître dans n'importe quel élément d'une ligne d'alimentation de décharge ICP : *I2=I1+ILk* [4, 5]. A cette fin, deux moniteurs de courant doivent être utilisés comme mentionné ci-dessus : le premier et principal instrument 1 enregistrant les courants "purs" *I1* ou *I10* (avec ou sans décharge, respectivement) doit être installé sur un fil de bobine proche du point de mise à la terre et le second, de contrôle, mesurant *I2* ou *I20* doit être fixé sur une ligne de sortie RFG. Les fuites de courant RF peuvent apparaître de manière inattendue dans différents éléments de la ligne d'alimentation de décharge ICP, notamment les traversées sous vide, les capacités parasites de la bobine d'antenne, les connecteurs de câble, les éléments de circuit MN, etc. Notez que les traversées sous vide RF sont utilisées dans les systèmes avec unité de décharge de gaz et bobine d'antenne installées sous vide et connectées à un RFG externe. Les détails des indicateurs de contrôle peuvent être différents pour les différents types de MN. Du point de vue du diagnostic intégral, il semble essentiel que le circuit du MN shunte ou non le RFG.

C'est pourquoi nous allons considérer deux exemples de lignes d'alimentation électrique avec des variantes différentes de la technique des circuits MN.

Pour commencer, nous allons considérer le cas général d'un appareil ICP avec de possibles fuites incontrôlables. Son schéma de principe est présenté à la figure 1.

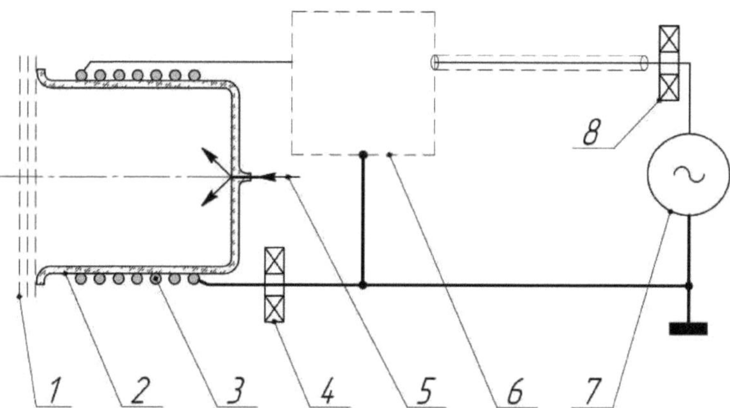

Fig. 1 Schéma d'un appareil ICP

1- IEG, 2- chambre de décharge à gaz diélectrique, 3- bobine d'antenne, 4- le moniteur de courant principal 1, 5- alimentation en gaz de formation de plasma, 6- MN, 7- RFG, 8- le moniteur de courant auxiliaire.

Il contient une chambre à décharge dans un gaz (GDC) 2 et une bobine d'antenne externe 3 reliée au RFG 7 par une ligne d'alimentation électrique composée de MN 6, de câbles et de connecteurs. Le schéma électrique de ce dispositif correspondant à l'adaptation exacte RFG-charge sans décharge est présenté à la figure 2.

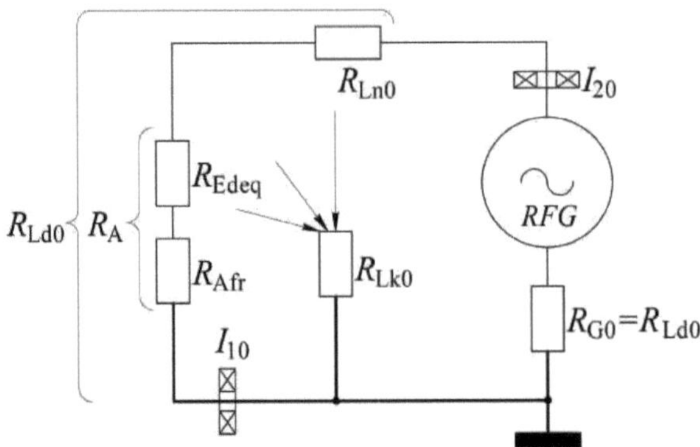

Fig. 2 Circuit électrique du dispositif de la Fig. 1 correspondant à l'adaptation exacte RFG-charge sans décharge

On peut voir ici que sans décharge, la ligne d'alimentation électrique devrait avoir une résistance minimale, donc dans cette situation, le courant de la bobine devrait être maximal en fonction de la conception de l'appareil, de l'ingénierie du circuit et de sa réalisation. Les flèches sur la résistance de fuite *RLk* montrent que les fuites peuvent provenir de différents éléments de la ligne d'alimentation. En leur présence, les lectures du moniteur de courant et leurs différences peuvent être désignées comme indicateurs de contrôle de conception **D11=/10**(Fin), **D12=/20**(Fin), et les fuites de courant RF */ikO(/*ʼm)=D 12-D11 peuvent être désignées comme leur différence relative **D13==J/Lk0**(Fin)==100%[*/20*(Fin)- */1o(^1п)*]//1o(*^1п*). Si la puissance incidente *F-in* est divisée par */20*(Pin) et */10*(Fin), on obtient les tensions sur la sortie RFG et sa charge **D14=FG0**(Fin)=FLd0(Fin)=Fin//20(Fin) et la tension sur la résistance de la bobine d'antenne *RA* avec une partie de la résistance de la ligne d'alimentation *RLn* **D15=kA**'0(Fin)=Fin//10(Fin). D'autre part, *Fin* peut être divisée par */202*(Fln) et */102*(Fin), ce qui donne une impédance de charge RFG complète

D16==FmZ/202(*Fm*)==Rg0==Rid0 et une impédance de charge affinée **D17=Fin//102**(Fin)=RLd'0. Le dernier paramètre est plus élevé que Rid0 car il ne dépend presque pas des fuites de puissance RF. Pour calculer la résistance de la ligne d'alimentation *Rin,* nous utilisons Rid0 qui est diminuée par la dérivation des fuites de puissance RF : **D18=RLn=RLdo-RA**. Leur niveau peut être déterminé avec certitude à partir de l'expression : FIn=/202RG0=/202RLd0=/102RLd0+FLk0. Si l'on considère le dernier paramètre comme un indicateur supplémentaire de contrôle de la conception, nous avons

D19=FLk0(*Fm*)=/202(*Fm*)*RLd0* - */102*(*Fm*)*RLd0=Fin-/102*(*Fm*)*RLd0=RLd0*[*/202*(Fin)-/102(*Fm*)] (3)

Enfin, en utilisant RA et Rid0, nous pouvons évaluer l'efficacité du transfert d'énergie du RFG à la bobine d'antenne comme indicateur de contrôle de conception **D20=^GA0=RA/RLd0** qui caractérise la qualité générale de la ligne d'alimentation électrique.

I.4 Mesures du courant de la bobine d'antenne avec décharge ICP

Lorsque la décharge ICP est allumée, les deux dépendances *I1(P-m)* et */2*(Pin) peuvent être mesurées à nouveau. Ainsi, si une fuite de courant RF est présente, elle peut être enregistrée comme cela a été fait dans la division précédente. Dans notre pratique, nous n'avons jamais rencontré de fuites de courant RF pendant que la décharge ICP brûlait. C'est pourquoi nous considérons que *I1=h=/* et représentons le circuit électrique du dispositif ICP comme indiqué à la Fig. 3.

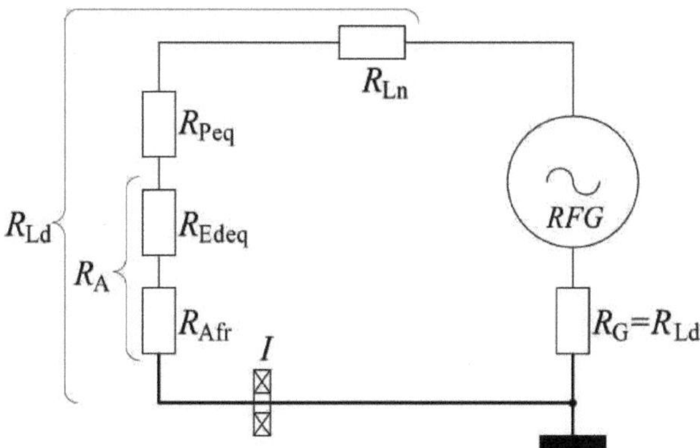

Fig. 3 Circuit électrique du dispositif de la Fig. 1 avec décharge par combustion exactement adaptée à RFG

Ici, un seul moniteur de courant est utilisé pour mesurer le courant de la bobine d'antenne et selon le modèle de transformateur de la décharge ICP [1], la résistance équivalente du plasma RPeq est incluse dans ce circuit connecté en série à la résistance de la bobine d'antenne *^A=^Afr+^Edeq*. Après l'allumage de la décharge ICP à un certain débit de gaz fixe et sa mise en correspondance exacte avec le RFG, nous mesurons le courant de la bobine d'antenne qui est désigné comme indicateur de contrôle opérationnel **O1=/**(Pin). Selon la loi d'Ohm, nous déterminons la tension de charge du RFG **O2=FLd**(Pin)=Pin//(Pin) et sa résistance de charge **O3=Ru**(*Pm>* Pu*(Pm)*//(Pin*)*. Ensuite, la résistance équivalente du plasma de décharge est calculée comme RPeq(Pin)=RLd(Pin)- RA=O4. Cette résistance supplémentaire dans le circuit de la bobine diminue son facteur Q qui peut être noté comme **O5=^P**(Pin)=wLA/[RA+RPeq(Pin)]=0A/[1+RPeq(Pin)/RA]. En outre, la connaissance de RPeq(*^in*) détermine la modification du rendement partiel "générateur-antenne" que nous désignons par **O6=^GA**(Pin)=[RA+RPeq(Pin)]/RLd(Pin).

Pour déterminer un paramètre physique très important - l'efficacité du transfert de puissance RF du RFG à la décharge, nous devons utiliser la formule (2) : *^GP(P* ; n)=PP(Pin)/Pin=1- [/(Pin)//0(Pin)]^2. Elle dépend des paramètres de conception [*/0(P* ; n)] et de fonctionnement [/(Pin)]. C'est pourquoi nous le désignons comme un indicateur de contrôle combiné conception-opérationnel **D/O1=^GP**(Pin). Sans décharge, des fuites de puissance RF peuvent apparaître dans un dispositif ICP. Dans ce cas, nous devons calculer *^GP*(Pin) en utilisant le courant de bobine "pur" */10*(Pin) : **D/O1=nGP**(Pin)=1-[/(Pin)//10(Pin)]2- Après avoir déterminé ce paramètre, nous pouvons trouver deux autres indicateurs de contrôle : le rendement partiel "antenne-plasma". **D/O2=nAP**(Pin)=7GP(Pin)/7GA(Pin) et la puissance RF absolue absorbée par le plasma de décharge **D/O3=PP**(Pin)=7GP(Pin)'Pin- Ainsi le nombre total de ces indicateurs dans l'ensemble ainsi formé atteint vingt neuf :

A. Indicateurs de contrôle de la conception :

D1=£A& ; D2=£AFR ; D3=Rf ; *D4=0a* ; *D5=J2FR=1OO%*(2Afr-2A)/0Afr ; D6=£a ; *D7=J/AFR=100%*(£Afr-LA)/LAfr ; D8=Ra ; *D9=REDEQ=RA-RAFR ;*

D10=JT?Afr=100%(*^A-^Afr*)/^Afr=^Edeq/^Afr ; **D11=/W**(P1n) ; ***Dl^h^n)*** ;
D13=J/Lk0(P1n)=100%[/20(P1n)-I10(P1n)]/I10(P1n) ;
D14= *MPin)= VLd0(Pin)=Pin/l20(Pin)* ; **D15=** *VA'0(Pin)=Pin/I10(Pin)* ;
D16=RG0=RLd0=Pin/l202(Pin) ; D17=RLd'0=Pin/I102(Pin) ; D18=RLn=RLd0-RA ;
D19=PLk0(Pin)=RLd0[/202(Pin)-I102(Pin)] ; D20=^GA0(Pin)=RA/RLd0.

B. Indicateurs de contrôle opérationnel (la décharge du PCI brûle au débit fixe du gaz formant le plasma ; les fuites de puissance RF sont absentes) **:**

O1=I(Pin) ; **O2=VLd**(Pin)=Pin/I(Pin) ; **O3=RLd**(Pin)=VLd(Pin)/I(Pin) ;
O4=RPeq(Pin)=RLd(Pin)-RA ; **O** 5 *QP*(Pi) *Q* A [1 +^Peq(Pin)/^A] ;
O6=nGA(Pin)=[RA+RPeq(Pin)]/RLd(Pin).

C. Indicateurs de conception et de fonctionnement : D/O1=nGP(Pin)=1-[*I*(Pin)/10(Pin)]^2 ;
D/O2=nAP(Pin)=nGP(Pin)/*nGA*(Pin) ; **D/O3=PP**(Pin)=nGP(Pin)-*Pin.*

Notez qu'en présence de fuites de puissance RF, **D/O1=nGP**(Pin)=1-[*I*(Pin)/I10(Pin)]^2.

Cet ensemble méthodique d'indicateurs de contrôle caractérise le système sous divers angles et reflète probablement les particularités des différents appareils de différentes manières.

I.5 Exemples de réalisation de la méthode proposée

I.5.1 Source d'ions RF technologique RIM-20

Le schéma de ce dispositif est présenté à la figure 4. Il représente les détails précis du

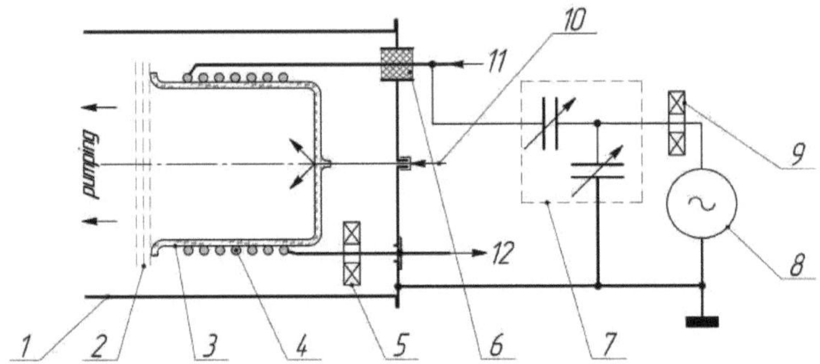

Fig. 4 Schéma de la source d'ions RF technologique RIM-20

1- chambre à vide, 2- IEG, 3- GDC 210 mm OD et environ 200 mm de long, 4- bobine d'antenne cylindrique, 5- moniteur de courant RF principal, 6- traversée sous vide, 7MN, 8- RFG, 9- moniteur de courant de contrôle, 10- alimentation en gaz de travail, 11- entrée d'eau de refroidissement, 12- sortie d'eau de refroidissement

Le diagramme de la Fig. 1 et son circuit principal correspondent à la Fig. 2. La vue extérieure de cette installation avec la partie ouverte de son enveloppe à vide est illustrée à la Fig. 5 où une bride à vide intermédiaire sépare l'unité interne avec la chambre de décharge des gaz, la bobine d'antenne et la GEI de la boîte MN automatique externe.

Fig. 5 L'unité principale de RIM-20 comprenant la chambre de décharge des gaz, la bobine

d'antenne et la GEI sur le côté interne de la bride à vide et la boîte automatique MN capacitive sur son côté externe.

La chambre à décharge de gaz cylindrique en quartz 3 (Fig. 4) avec une IEG fixée au bout de la sortie (dirigée vers le haut sur la Fig. 5), un injecteur d'alimentation en gaz au fond, et une bobine d'antenne 4 refroidie à l'eau enroulée autour de la chambre 3 sont installés dans la chambre à vide 1. L'un des fils de la bobine d'antenne 4 est mis à la terre à l'intérieur de la chambre 1, de sorte qu'il est entouré par le moniteur de courant RF principal 5 (moniteur de courant à pince Pearson 411C, prêt à être utilisé sous vide, $F < 50 \pm 1\%$ A, rms) dans l'espace sous vide. Un autre fil de la bobine d'antenne 4 était connecté à la traversée sous vide 6. Le MN 7 automatique (Seren ATS10) de ce dispositif contient deux condensateurs variables (montrés dans la Fig.4) avec des commandes électriques automatiques et le moniteur de courant RF de contrôle 9 (similaire à 5) est fixé au fil de sortie du RFG 8 (Seren R1001,$y=1$.7-2.1 MHz et P_{in} jusqu'à 1 kW). Les figures 4 et 5 montrent donc que la ligne d'alimentation électrique de cet appareil est constituée de parties sous vide et atmosphériques, ce qui a entraîné des fuites de puissance RF pendant le processus de son diagnostic intégral sans décharge.

L'étape initiale du diagnostic intégral du RIM-20 a pu commencer par l'étude de la bobine d'antenne uniquement assemblée, car cette installation technologique ne pouvait pas être démontée en raison de sa conception complexe et de la nécessité de son utilisation pratique. Sa fréquence de commande était proche de 2 MHz, de sorte que toutes les mesures de diagnostic ont été effectuées à cette fréquence. La bobine d'antenne de RIM-20 à l'état assemblé avait les paramètres suivants : **D4=Q_A=37**,5, **D6=Z_A=12**,4 pHn, **D8=R_A=4**,15 Ohm. Le niveau relativement bas de QA et la grande résistance R_A démontrent le rôle notable des courants de Foucault qui n'était pas révélé sans les mesures en espace libre. Une vue générale de ce dispositif de mesure avec le RIM-20 est présentée à la figure 6.

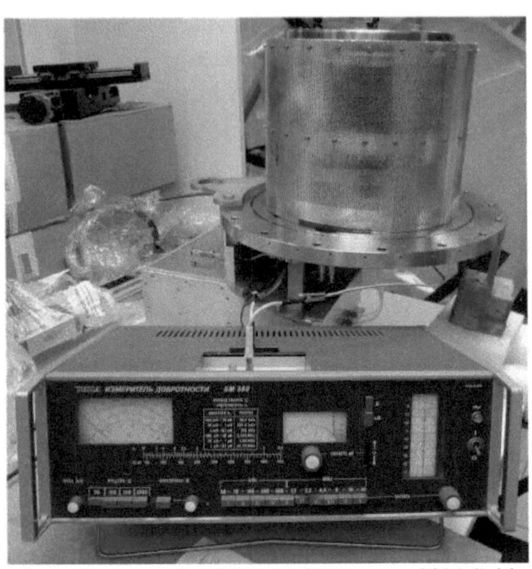

Fig. 6 Mesure de la bobine d'antenne de RIM-20 à l'état assemblé à l'aide du Q-mètre BM 560

Dans les deux étapes suivantes, la méthode proposée de diagnostic intégral a été complètement réalisée. Le courant de la bobine de l'antenne sans décharge a été mesuré en faisant varier la puissance incidente du RFG dans la gamme PH1=10)0)^80)0) W. Les deux indicateurs de contrôle **D11=71o**(*Pm*), **D12=/20**(Pin) ont varié dans la même gamme 4^ 10.8 A bien que dans l'indicateur intermédiaire **D12** ait légèrement dépassé **D11**, ce qui est enregistré par l'indicateur de contrôle suivant **D13=1OO%**[/2*o*(Pin)-/io(Pin)]//*io*(Pin)< 5%. Il montre qu'à Лп~400 W ЫЛп) la dépendance dépasse l'autre de 4,5%. Cette différence est plutôt faible, mais elle peut tout de même être considérée comme un chiffre assez remarquable en raison de la haute qualité du moniteur de courant Pearson 411C et de son instrument de mesure secondaire - l'oscillographe Tektronix TDS 2001C avec une erreur d'environ ±1%.

Ces résultats sont représentés par les deux courbes supérieures de la figure 7.

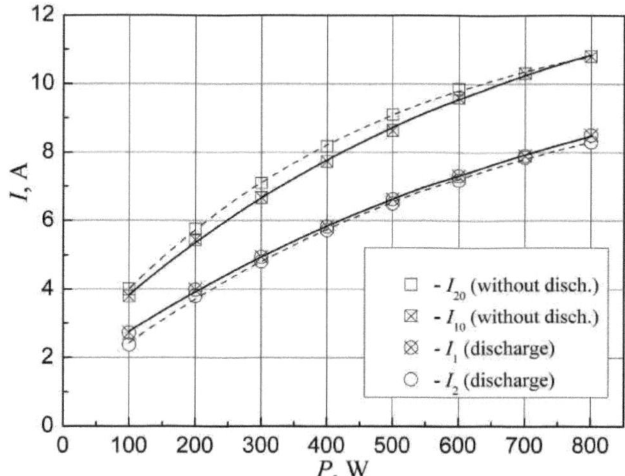

Fig. 7 Courants des bobines de l'antenne sans décharge (deux courbes supérieures) et avec décharge (courbes inférieures)

En outre, en suivant la méthode de diagnostic intégral proposée, sept autres indicateurs de contrôle ont été déterminés :

D14=FG0(Pin)=FLd0(Pin)=Pin//20(Pin)^26^74 V, **D15=FA'**o(Pin)=Pin//1o(Pin) "25^74 V, **D16=^G0=^Ld0=Pin//202**(Pin)^6.3 Ohm, **D17=RLd**'0=Pin/I102(Pin) "6.7 Ohm, résistance de la ligne d'alimentation de décharge **D18** RH, RUl,-Rx'2,15 Ohm, **D19=PLko**(Pin)=RLdo[*/2o2*(Pin)- *I102*(Pin)]< 44 W, D2O=7GAo(Pin*)*=RA/RLdo "4,15/6,3=O,66.

La décharge ICP a été allumée à un débit de xénon *q=16* sccm/min~1,6 mg/s. Cela a créé un flux de plasma à partir de la zone de sortie du dispositif qui pouvait être vu à travers l'une des fenêtres de contrôle latérales de la chambre à vide, comme le montre la figure 8.

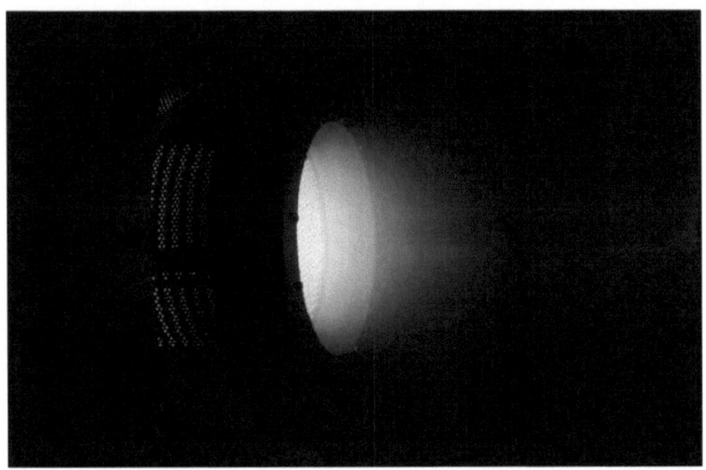

Fig. 8 Faisceau d'ions xénon généré par la source d'ions technologique RIM-20

Au moment de la combustion de la décharge, les deux moniteurs de courant ont donné les mêmes dépendances indiquées à la Fig. 7, graphiques du bas : **O1=/1**(Pin)=/2(Pin)=/(Pin). Ce fait signifie que dans la source d'ions en fonctionnement, les fuites de courant RF incontrôlables étaient absentes. C'est l'une des particularités du RIM-20.

Détermination d'indicateurs supplémentaires : Tension de sortie/charge RFG **O2=FG**(Pin)=KLd(Pin)=Pin/I(Pin)=37-74 V ; Résistance RFG/charge **O3=^G**(Pin)=^Ld(Pin)= FLd(Pin)/I(Pin)=13.5^11.1 Ohm ; résistance équivalente du plasma **O4=^Peq**(Pin)= ^*rd*(Pin)-^A=6.8^4.4 Ohm ; facteur Q de la bobine d'antenne avec plasma de décharge à l'intérieur **O5=2p**(*Pm*)=^LA/[^*A*+^*Peq*(*Pm*)]=14.2-18.4 ; efficacité "RFG-bobine" **O6=^GA**(Pin)= [^*A*+^*Peq*(Pin)]/^Ld(*Pm*)~0.62 - presque égal au paramètre similaire sans décharge **D20-0**.66 (cela montre que pour le RIM-20 la perte de puissance RF dans la ligne d'alimentation de la décharge était d'environ 1/3 de la puissance RFG incidente). Enfin, nous déterminons trois indicateurs combinés de conception/opérationnels à partir de l'efficacité du transfert de puissance "RFG-plasma" D/O1=7Gp(*Pm*)=1-.

|/(Pin)//10(Fin)|2=0,6^0,4 qui est représenté sous forme de graphique à la Fig. 9.

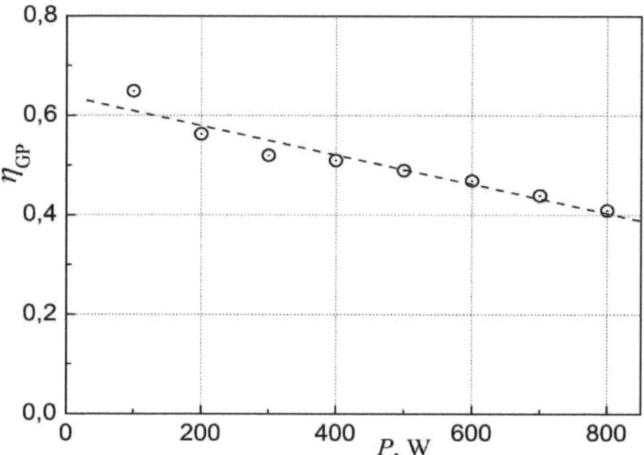

Fig. 9 Efficacité du transfert de puissance "RFG-plasma".

Après avoir trouvé ce paramètre **D/O1**, nous pouvons déterminer l'efficacité "antenne-plasma" **D/O2=^GP**(^*in*)/^GA(^*in*)~0.97^0.65 et la valeur absolue de la puissance RF absorbée par le plasma PP(Pin)=nGP(Pin)'Pin=60^320 W. On peut voir que l'efficacité "RFG-plasma" de cette source d'ions n'est pas très élevée et qu'elle diminue avec l'augmentation de *Pm.* Un tel caractère de *Пom(Pm)* contredit les propriétés habituelles des dispositifs ICP [1] et la raison possible de ce comportement ^*GP*(Pin) est le niveau élevé de perte par courant de Foucault qui peut être causé par la conception du dispositif montré dans la Fig. 5. Quant aux fuites de puissance RF, elles sont apparues dans la ligne d'alimentation électrique uniquement sans décharge et leur niveau était plutôt faible.

L'efficacité énergétique de la source d'ions RIM-20 peut être facilement démontrée par la représentation graphique de son bilan énergétique, illustré à la figure 10.

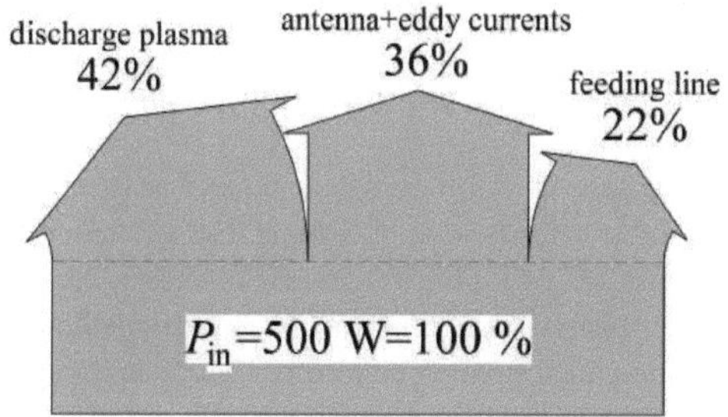

Fig. 10 Bilan de puissance RF de l'installation RIM-20 pour un débit de xénon *g-1*.6 mg/s

Le diagnostic intégral du RIM-20 a permis de déterminer la forme technique de cette source d'ions et d'esquisser les trois possibilités suivantes pour augmenter son efficacité énergétique : a) réduire la masse des pièces métalliques à proximité de la bobine d'antenne ; b) optimiser la géométrie de l'espace de décharge des gaz ; c) optimiser l'ingénierie du circuit MN.

I.5.2 Modèle du propulseur ionique RF (RIT)

Les principales caractéristiques du modèle RIT-10F basé sur l'unité de décharge ICP générant un faisceau d'ions de 10 cm de diamètre avec une bobine d'antenne planaire renforcée par un noyau de ferrite ont été dérivées du prototype décrit dans la demande de brevet PCT de V.A. Godyak [6] qui a été étudié avec précision dans l'expérience [3]. Le diagramme schématique de ce modèle est présenté à la figure 11.

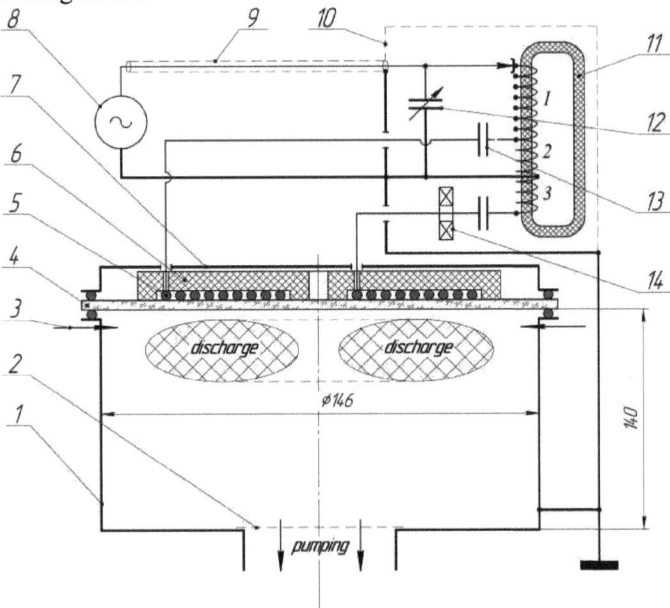

Fig. 11 Schéma de principe du modèle RIT-10F avec ligne d'alimentation atmosphérique contenant le transformateur MN

1- chambre à vide métallique 146 mm ID et 140 mm de long, 2- maillage modélisant la résistance à l'écoulement des gaz de la GEI, 3- emplacement d'alimentation en xénon, 4- fenêtre en quartz de 5 mm d'épaisseur, 5- bobine d'antenne planaire, 6- noyau de ferrite, 7- couvercle métallique, 8- RFG, 9- câble coaxial 50 Ohm, 10- boîte métallique du transformateur MN, 11- noyau de transformateur en ferrite, 12- condensateur variable, 13- un des condensateurs de blocage, 14- moniteur de courant RF

Ce dispositif a été utilisé ici comme un modèle RIT de nouvelle génération pour plusieurs raisons : a) l'efficacité énergétique accrue du prototype grâce à la géométrie plate de sa bobine d'antenne renforcée par un noyau de ferrite et au rapport d'aspect réduit de son espace de décharge de gaz avec une surface latérale réduite qui diminue la perte de particules chargées ; b) l'uniformité accrue de la distribution spatiale du plasma dans la zone de son utilisation pratique ; c) la simplicité relative de sa conception de construction qui augmente la fiabilité du dispositif ; d) le corps métallique de sa chambre de décharge de gaz qui permet de mesurer la pression du plasma, qui est un paramètre de diagnostic intégral très important, et les diagnostics locaux du plasma en utilisant des sondes de Langmuir mobiles dans l'espace. Ici, on a utilisé un transformateur de type MN dans lequel le point central de l'enroulement qui alimente la bobine de l'antenne a été mis à la terre pour rendre la tension de décharge symétrique, ce qui a réduit la composante RF du potentiel flottant du plasma et facilité le diagnostic des sondes de Langmuir, comme on le verra ci-dessous.

Des vues générales de cette installation et de sa boîte correspondante sont présentées respectivement sur les figures 12 et 13.

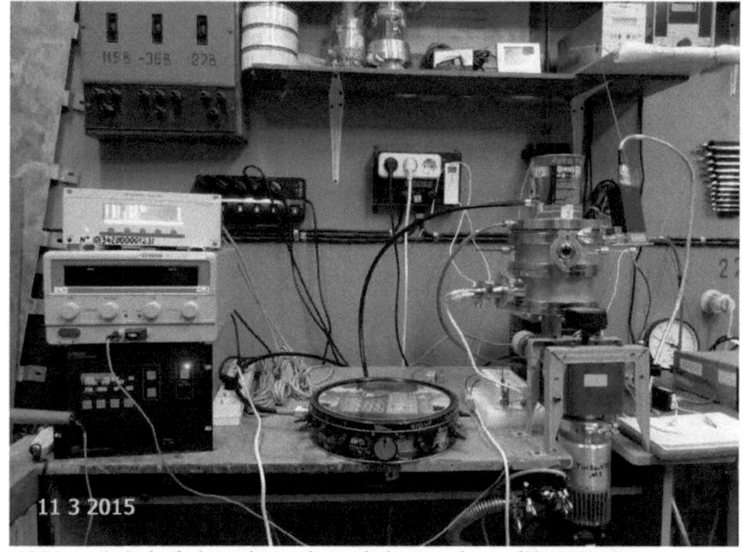

Fig. 12 Vue générale de la petite variante de bureau du modèle RIT-10F

Fig. 13 Réseau d'adaptation à commande manuelle de RIT-10F de type transformateur

Le circuit électrique de ce modèle RIT en l'absence de décharge ICP au moment de l'adaptation exacte RFG-charge est présenté à la Fig. 14.

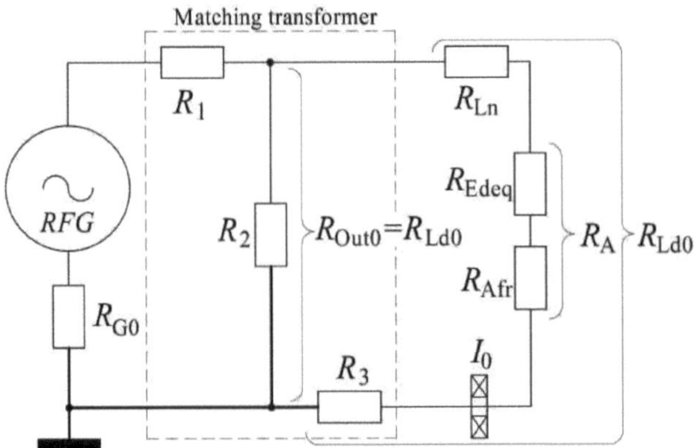

Fig. 14 Circuit électrique du dispositif de la Fig. 10 pour l'adaptation exacte RFG-charge sans décharge (ici R_1, et R_2=R_3 sont les résistances actives des sections du transformateur d'adaptation montré dans la Fig. 10)

Tous les éléments de la ligne d'alimentation électrique de cette installation étaient situés dans l'atmosphère. Dans une telle situation, les fuites de puissance RF peuvent être causées par certains défauts dans les détails de la ligne d'alimentation. Mais en fait, dans ce système, il n'y avait aucun défaut selon les relevés des moniteurs de courant RF principal et de contrôle (montrés dans la figure 1).

10) en tenant compte du coefficient abaisseur du transformateur d'adaptation. C'est pourquoi, dans ces expériences, un seul moniteur de courant principal, illustré à la figure 14, a été utilisé.

Selon notre proposition, le diagnostic intégral du modèle RIT-10F devrait commencer en disposant dans l'espace libre la bobine d'antenne avec le noyau de ferrite. Mais l'arrangement de l'expérience avec le modèle RIT-10F a permis des études préliminaires des paramètres de la bobine d'antenne sans le noyau de ferrite qui pourraient clarifier l'influence du noyau ferromagnétique sous forme quantitative. Ces mesures ont été effectuées à l'aide du Q-mètre TESLA BM 560, comme le montre la figure 15.

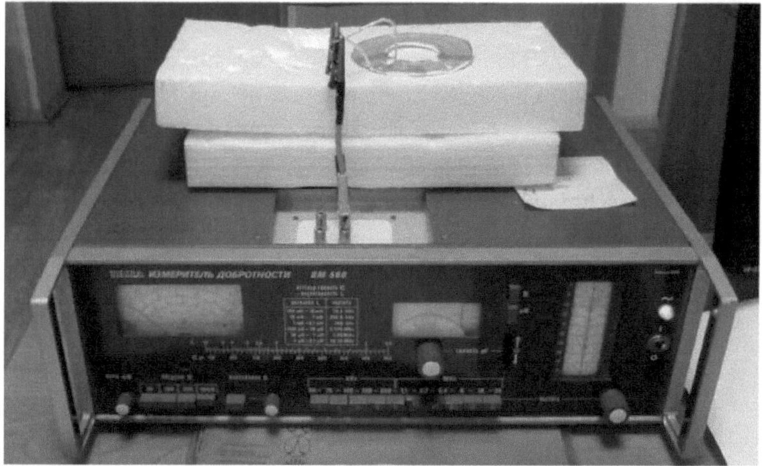

Fig. 15 Disposition des mesures des paramètres de la bobine pure en espace libre

La bobine disposée au-dessus du Q-mètre avait la forme d'une spirale plane à 13 tours faite d'un fil de cuivre argenté de 1,5 mm de diamètre, les dimensions de la spirale étant de 105 mm de diamètre extérieur et de 45 mm de diamètre intérieur. Ses paramètres ont été mesurés à la fréquence de commande */=2* MHz: : **D1*=QAfi=246**, D2*=LAfr=14,5 ptHn, et **D3*=^Afr=0**,74 Ohm. Ensuite, la bobine d'antenne a été fixée dans le noyau de ferrite (constante magnétique relative jusqu'à 150 et point de Curie jusqu'à 400°C) et ses paramètres électriques ont été mesurés de la même manière - voir Fig. 16.

Fig. 16 Disposition des mesures des paramètres de l'unité bobine/ferrite-noyau en espace libre

Ainsi, les indicateurs de contrôle obtenus du modèle RIT-10F ont changé de manière assez notable : **D1=2Afr=253**, D2=lAfr=27.6 gHn, et **D3=^Afr=1**.37 Ohm. Dans cette situation, l'inductance et la résistance active de l'unité de bobine ont presque doublé avec une légère augmentation de son facteur Q (~3%). Ce résultat démontre la raison quantitative d'une amélioration bien connue des propriétés du système ICP causée par un noyau de ferrite qui concentre le champ électromagnétique RF dans l'espace de décharge, augmente l'induction mutuelle bobine-plasma et réduit la perte de puissance RF dans l'unité de bobine.

Ensuite, l'unité de bobine d'antenne a été installée dans le modèle RIT-10F et ses paramètres ont été déterminés à l'aide du même Q-mètre, comme le montre la figure 17.

Fig. 17 Disposition des mesures des paramètres du serpentin pour le serpentin installé dans le modèle RIT-10F

Ces mesures ont donné les résultats suivants : **D4=QA=157**, **D5=AQfX=** 100%(*QXtr-Qa*) *Qxtr38%*, **D6=LA=25**.7 gHn, **D7=JLAfr=** 1 00%(LAT- *L* A) *L* AH- 6.9%, **D8=RA=1**.92OHM, D9=REdeq=RA-RAfr=0. 55Ohm,

D10=JRAfr=100%(RA-RAfr)/RAfr~40%. Lorsque le RFG était activé, le courant de la bobine de l'antenne RF *T*()(Pin)=D11 a été mesuré pour une puissance incidente du RFG variant dans la gamme Pin=30^250 W - voir le graphique supérieur de la Fig. 18.

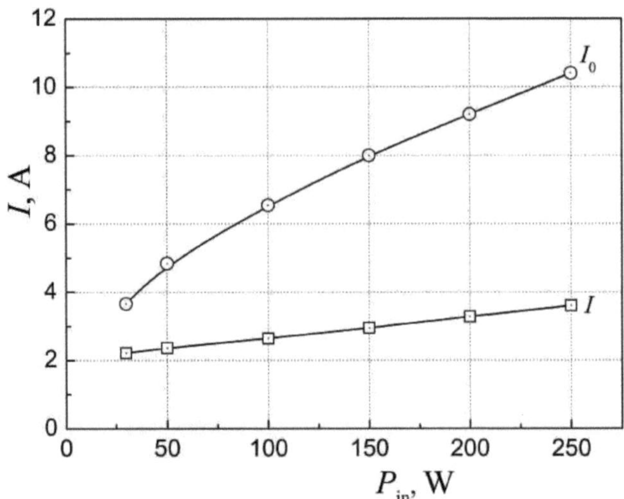

Fig. 18 Courant de la bobine de l'antenne sans décharge *Io* et avec décharge brûlante au xénon *I*

En raison de l'absence de fuites de courant RF dans ce dispositif, les indicateurs de contrôle **D12, D13, D15, D17** et **D19** n'ont pas été déterminés tandis que **D14=FGc**(Pin)=FLd0(Pin)=Pin/l0(Pin) a varié dans la gamme **D** 14=8.4+24 V, **D16=RG0=RLd0=Pin/l02**(Pin)=VG0/l0(Pin) était presque constante **D** 16-2.3 Ohm et la résistance de la ligne d'alimentation électrique **D18=RLn=RLd0-RA=2**.3- 1.92=0.38 Ohm. Par conséquent, une rangée de valeurs de résistance active RAfr, REdeq et *RLn* correspondant à l'équilibre de l'énergie RF pour la bobine d'antenne, les courants de Foucault et la ligne d'alimentation s'est avérée être de 1,37, 0,55 et 0,38 Ohm. Ces chiffres permettent de déterminer l'efficacité du transfert de l'énergie RF du RFG à la bobine d'antenne *:* *^GA0=RA/RLd0=1*,92/2,3-0,83 qui montre la bonne qualité de la ligne d'alimentation de l'antenne.

Le diagnostic intégral du modèle RIT-10F s'est poursuivi avec une décharge ICP brûlante qui a été allumée à la fréquence de commande *f=2* MHz dans du xénon introduit dans la chambre de décharge de gaz à un débit *q=2* sccm *(g-0.*2 mg/s) qui a créé une pression de plasma dynamique *p=2-10-3* Torr. Ce débit de xénon a été mesuré par le contrôleur MKS 247D/2178B. L'apparition de cette décharge est montrée sur la photo de la Fig. 19 où l'on peut voir le rayonnement du plasma dans la fenêtre de contrôle (partie inférieure de la photo) et sur la surface latérale de la fenêtre en quartz séparant la bobine d'antenne et le plasma (position supérieure de la photo).

Fig. 19 Décharge ICP de xénon brûlant dans le modèle RIT-10F à *PG=150* W

A ce stade du diagnostic, dans le circuit électrique de l'appareil, seule la résistance équivalente du plasma *Rpeq* est apparue connectée en série à la bobine de l'antenne, par rapport à la Fig. 14. Le schéma de circuit de l'installation avec une décharge ICP à sa correspondance exacte avec RFG est présenté à la Fig. 20.

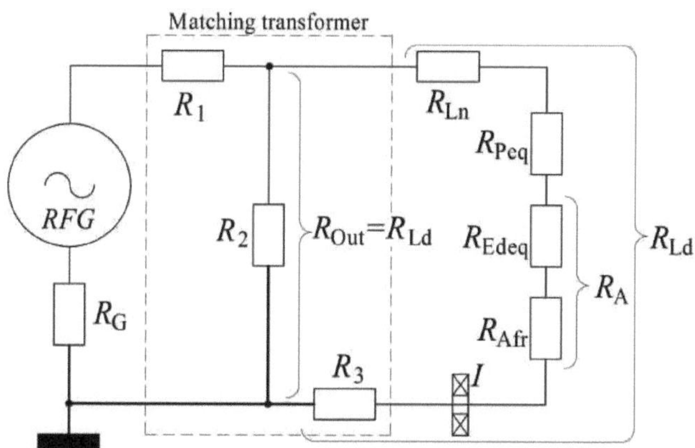

Fig. 20 Circuit électrique du modèle RIT-10F avec décharge ICP en feu

L'augmentation de la résistance du circuit de la bobine d'antenne pendant la décharge a fait baisser son courant RF **O1=/(**Pin) qui a été mesuré aux mêmes puissances RF incidentes fournies à la bobine d'antenne sans décharge - voir le graphique inférieur de la Fig. 18. Après avoir obtenu ces données, nous pouvons déterminer plusieurs indicateurs de contrôle opérationnel : **O2=KLd(**^*in*)$^{=Kout}$(Pin)=^in//(^*in*) qui a varié dans la plage 02=13.6^69.4 V,

O3=RLd(Pin)=KLd(Pin)//(Pin)=6.1-19.3 Ohm, résistance équivalente du plasma

O4=^Peq(Pin)=^Ld(Pin)-^A=3.9^17 Ohm, O5=2p(Pin)=2A/[1+Rpeq(Pin)/RA]^52^16, and O6=^GA(Pin)=[RA+RPeq(Pin)]/RLd(Pin)=0.95-0.98. Après cela, nous pouvons calculer les trois autres indicateurs combinés de contrôle de conception/opérationnel **D/O** : D/O1=^GP(Pin)=1- [/(Pin)//0(Pin)]2=0.63^0.88,D/O2=nAP(Pin)=7GP(Pin)/7GA(Pin)=0.66^0.9, and

D/O3=PP(Pin)=nGP(Pin)'Pin~ 19^220 W. En raison de la nécessité et de l'importance pratiques des indicateurs **D/O1** et **D/O3** sont présentés graphiquement dans les Figs 21 et 22.

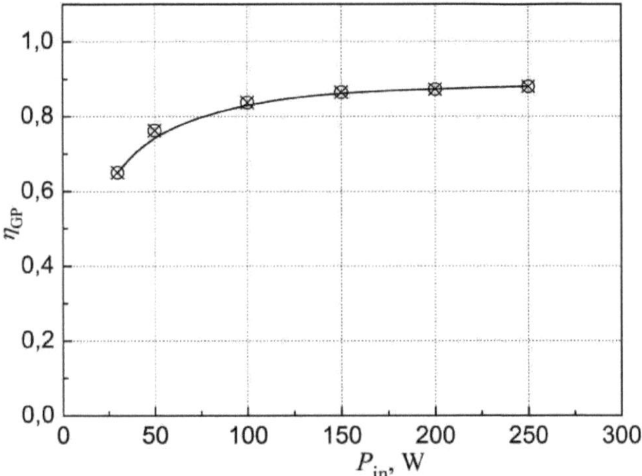

Fig. 21 Efficacité du transfert de puissance RF en fonction de la puissance RFG incidente pour une pression de plasma de xénon *p=2-10-3*
Torr

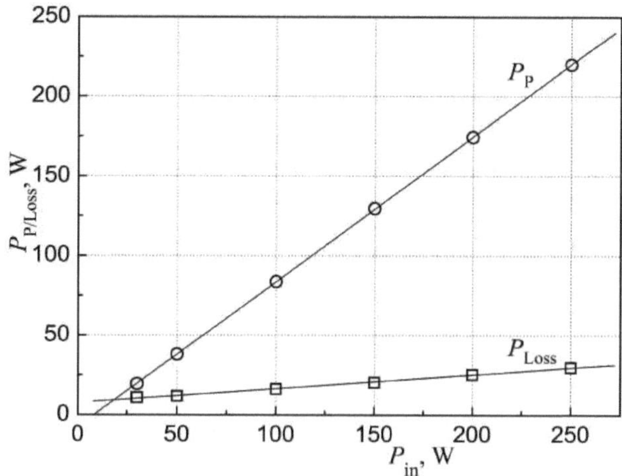

Fig. 22 Puissance RF absorbée par le plasma de xénon et perte de puissance RF totale en fonction de la puissance RFG incidente pour le modèle RIT-10F à la pression du plasma *p=2-10-3* Torr

L'efficacité du transfert de puissance RF mesurée et les données obtenues lors des étapes initiales du diagnostic intégral de l'appareil RIT-10F ont été utilisées pour montrer sous forme de graphique son bilan de puissance RF pour une puissance RFG incidente Pin=150 W présentée sur la figure 23.

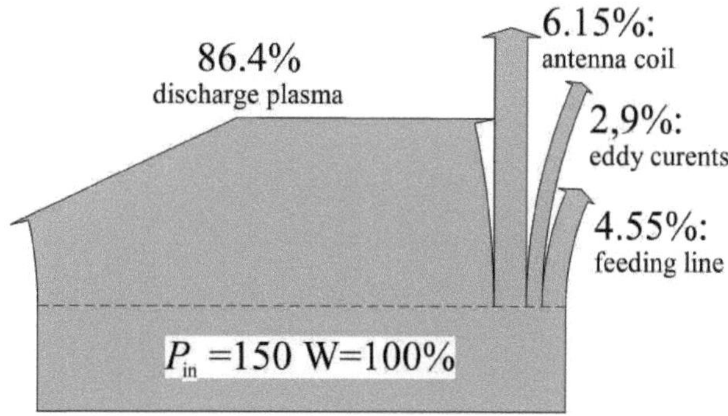

Fig. 23 Bilan de puissance RF du modèle RIT-10F pour une pression de plasma de xénon *p=2-10-3* Torr et une puissance RFG incidente Pin=150 W

En le comparant avec la Fig. 10, on peut voir que l'efficacité énergétique du modèle RIT-10F est beaucoup plus élevée. Les raisons évidentes de cette situation sont la géométrie planaire de la bobine d'antenne qui fournit un rapport d'aspect plus faible de son espace de décharge de gaz avec une surface latérale réduite qui réduit la perte de particules chargées et l'utilisation d'un noyau de ferrite pour la bobine d'antenne qui augmente l'efficacité du transfert de puissance

RF.

En plus de tous les aspects positifs du diagnostic intégral de l'appareil ICP, un autre résultat utile a été obtenu en mesurant la résistance équivalente du plasma de décharge *Rpeq* à différentes pressions (2 et 4 mTorr). Les dépendances de ce paramètre pour deux niveaux de pression sur la puissance RF absorbée par le plasma qui a varié dans la gamme PP=38^183 W sont montrées dans la Fig. 24.

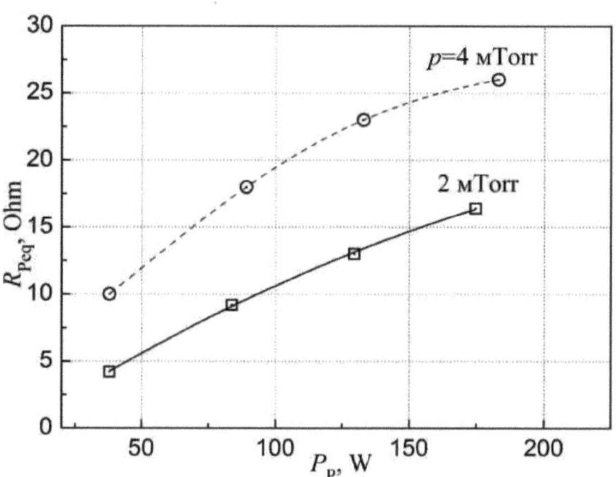

Fig. 24 Résistance équivalente au plasma de xénon pour une décharge ICP aux pressions *p=2* et 4 mTorr en fonction de la puissance RF absorbée par le plasma de décharge

Elle montre que l'augmentation de la pression du plasma de xénon de 2 à 4 mTorr a entraîné une augmentation de la résistance du plasma de près de deux fois. Ce fait signifie que la conductivité du plasma de xénon diminue avec l'augmentation de la pression. Il est bien connu qu'un tel comportement isobar de la conductivité est caractéristique des températures qui se trouvent dans la zone à gauche de la zone de température où elles se croisent et où le degré d'ionisation du plasma *a=ne/na* ne dépasse pas 1 %. Cette particularité qualitative de la conductivité du plasma de xénon est démontrée par les résultats de calcul obtenus par R.S. Devoto pour les isobares de conductivité à des pressions *p=7*,6, 76 et 760

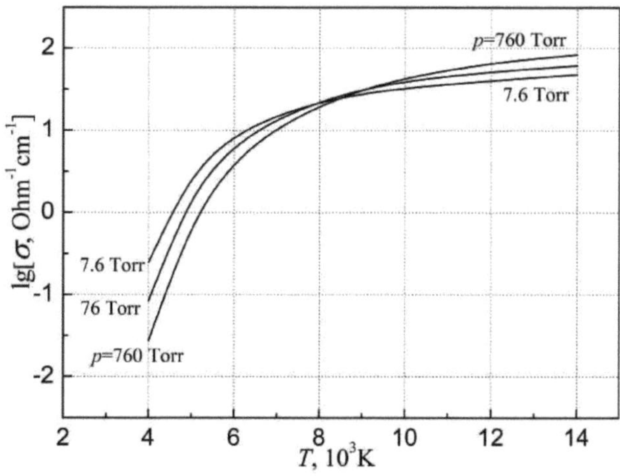

Torr [7], présentés à la figure 25.

Fig. 25 Dépendances en température des isobares de la conductivité électrique du xénon calculées par R. S. Devoto [7] pour des pressions p=7,6^760 Torr.

Ces informations supplémentaires provenant des diagnostics intégrés de l'appareil ICP qui ont permis une évaluation qualitative du degré d'ionisation du plasma de xénon peuvent être utiles ultérieurement pour une analyse complète des propriétés du plasma basée sur les données des diagnostics locaux.

En conclusion, nous pouvons affirmer que les différents indicateurs de contrôle qui représentent l'essence du diagnostic intégral proposé peuvent réagir différemment aux particularités des appareils ICP qui comprennent leurs formes techniques. La réalisation de cette méthode de diagnostic aide à trouver des moyens d'augmenter l'efficacité énergétique des appareils si cela est nécessaire et à préparer une base physico-technique bien fondée pour l'analyse des résultats des diagnostics locaux du plasma.

Notez que la protection par brevet de cette méthode de diagnostic intégral signifie qu'elle a dépassé le niveau technique mondial.

Diagnostic local de l'appareil à décharge gazeuse ICP

II.1 Description du dispositif expérimental ICP à décharge gazeuse représentant la section de génération de plasma d'un modèle RIT.

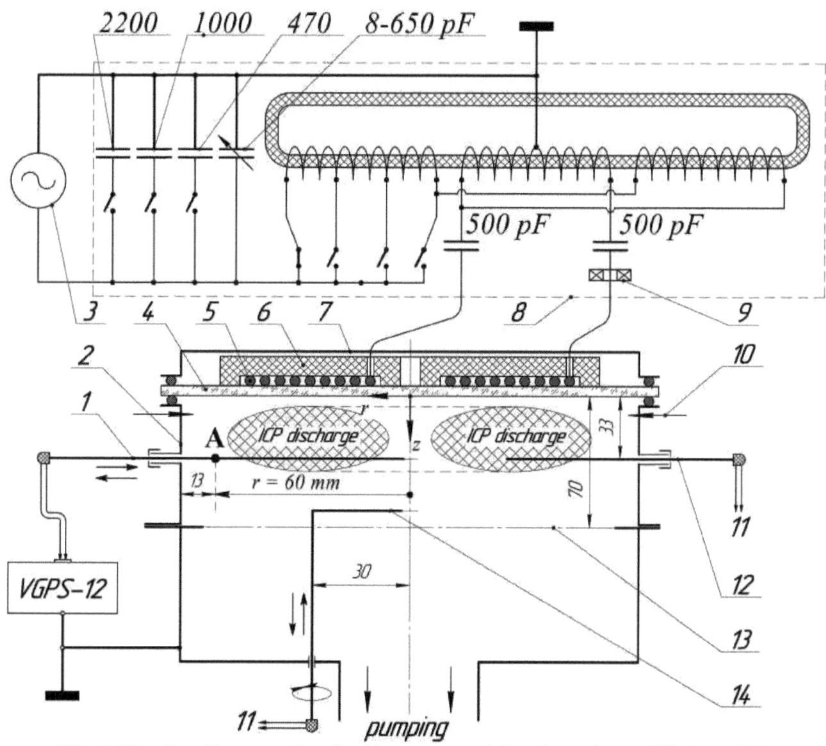

Fig. 26 La deuxième version du diagramme schématique du modèle RIT-10F
1- sonde cylindrique droite mobile radialement-1, 2- section de décharge gazeuse de la chambre à vide, 3- RFG, 4- fenêtre en quartz de 5 mm d'épaisseur, 5- bobine d'antenne, 6- noyau de ferrite, 7- couvercle métallique, 8- boîte MN, 9- moniteur de courant RF, 10- emplacement d'alimentation en xénon, 11- station de sonde VGPS-12, 12- simulateur de sonde à paroi plane, 13- emplacement IEG, 14- sonde cylindrique en forme de L-2 ; A- position spéciale avec une longueur nulle du bouclier de la sonde-1 (bouclier-1) où la sonde-2 peut apparaître avec un bouclier long-2

Il montre des moyens réels pour l'adaptation de la charge RFG et pour le diagnostic local du plasma en utilisant des sondes de Langmuir cylindriques droites 1 et planes 12 pour étudier les propriétés du plasma dans la section transversale médiane de l'espace de décharge des gaz et la sonde de Langmuir en forme de L 2 (14) pour étudier la distribution longitudinale des paramètres du plasma entre les sondes droites et l'emplacement de la GEI 13. Cette dernière était absente dans les présentes expériences réalisées à la fréquence d'entraînement $f=2$ MHz et à la pression de plasma $p=2\text{-}10^{-3}$ Torr fournie par le maillage du manchon

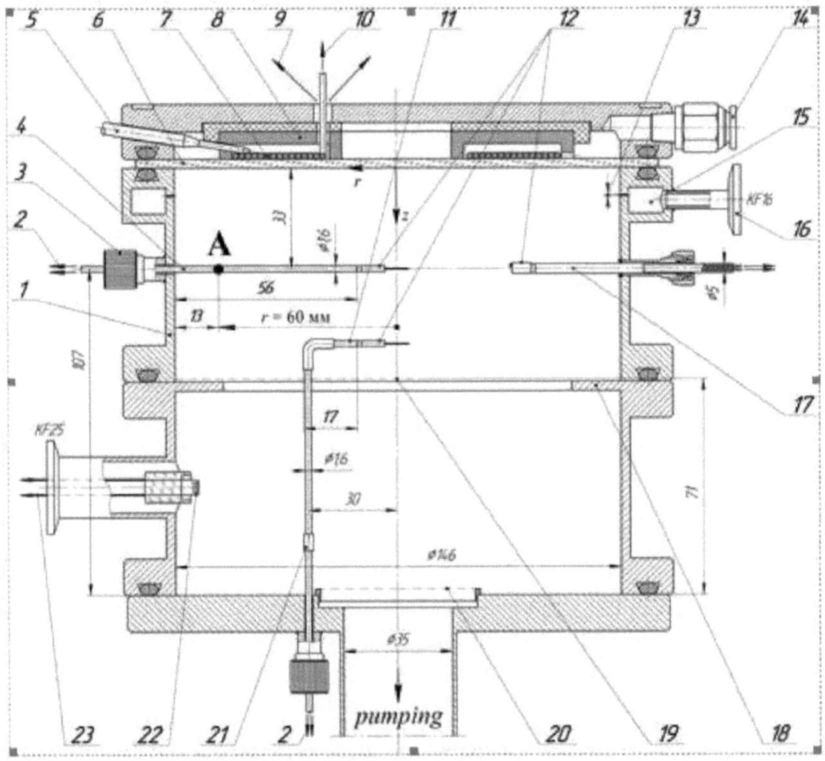

Fig. 27 L'ébauche de la variante atmosphérique de bureau du modèle RIT-

de pompage de la chambre (voir ci-dessous) à un débit de xénon $q=2$ sccm. Les mesures de la sonde ont été effectuées à l'aide du système de sonde VGPS-12 créé idéologiquement par le professeur V.A. Godyak [2, 8], qui a résumé dans cette station son expérience d'environ 50 ans, tandis que techniquement, il a été fabriqué dans sa société privée Plasma Sensors [9] avec son collègue B. Alexandrovich, le principal spécialiste en électronique. Ces essais ont été réalisés dans la petite installation de bureau en raison de sa commodité pratique, notamment le pompage facile et rapide de la chambre, le contrôle manuel du déplacement de la sonde radiale et la possibilité d'utiliser la sonde-2 en forme de L qui a été insérée dans la chambre de décharge des gaz par son fond. Toutes les sondes ont été protégées contre les interférences RF par des blindages nus classiques et les sondes cylindriques 1 et 2 ont été installées de manière à avoir une position spéciale commune A où la longueur du blindage 1 était nulle tandis que la longueur du blindage 2 était plutôt longue. Leurs dimensions réelles peuvent être vues dans l'ébauche du modèle RIT-10F présenté à la Fig. 27.

1- section de décharge de gaz de la chambre à vide, 2- station de sonde VGPS-12, 3- connecteur mobile de traversée de vide UltraTorr, 4- sonde cylindrique droite déplaçable radialement-1, 5- jauge sensible à la température, 6- fenêtre de quartz de 5 mm d'épaisseur, 7- bobine d'antenne, 8- noyau de ferrite de la bobine, 9- sortie du flux d'air de refroidissement, 10- à MN, 11- sonde cylindrique en forme de L-2, 12- sondes de référence, 13- 8 trous équidistants de 0.4 mm de diamètre pour alimenter le xénon, 14- connecteur "one-touch" pour le flux d'air de refroidissement, 15- collecteur annulaire de gaz xénon, 16- connecteur d'entrée du xénon, 17- simulateur de sonde à paroi plane, 17- sonde cylindrique en forme de L-2, 18- épaulement pour la fixation des IEG, 19- position la plus basse de la sonde-2 en forme de L, 20- maillage simulant la résistance dynamique du gaz IEG, 21- manchon métallique reliant deux parties de l'écran de la sonde-2, 22- filament de tungstène d'une lampe halogène non couverte, 23- transformateur électronique alimentant la lampe halogène ; A- position spéciale où la longueur du blindage de la sonde 1 est nulle (blindage 1) et où la sonde 2 peut apparaître avec un long blindage 2.

La sonde 1 a pu se déplacer dans la gamme des positions radiales r = 0-60 mm, y compris le point "spécial" A à r = 60 mm où son bouclier 1 était nul, tandis que la sonde 2 a pu apparaître ici avec un bouclier 2 plutôt long (~ 124 mm, comme on peut le voir sur la figure 27). La signification intéressante et riche de cette position sera décrite ci-dessous.

Ce modèle a été conçu avec le professeur V. A. Godyak qui a organisé sa fabrication dans la ville de Boston, aux États-Unis, et nous a présenté de nombreuses pièces de ce système. Nous présentons ici ses principales unités et ses dimensions : 1) les sondes cylindriques droites 4 et planes 17, mobiles radialement, insérées dans la chambre à vide à une distance de 33 mm de la surface interne de la fenêtre en quartz et la sonde cylindrique 11 en forme de L qui peut enregistrer les distributions radiales et longitudinales des paramètres du plasma ; 2) l'arrangement de la bobine d'antenne et le refroidissement par air du noyau de ferrite par le connecteur "one touch" 14 avec le contrôle de la température de la bobine fourni par la jauge sensible aux températures 5 ; 3) le filament de la lampe halogène 22 qui, alimenté par le transformateur électronique, émettait des électrons et allumait facilement une décharge ICP lorsque le RFG était allumé à la puissance RF incidente d'environ 20-50 W, correspondait exactement à l'unité de bobine d'antenne (à la puissance RF réfléchie $_{Prf=0}$) et une tension CC négative *V--100* V par rapport au potentiel de la terre était fournie au filament 22 ; 4) le xénon était fourni de manière uniforme et annulaire dans la chambre 1 à travers 8 trous de 0.4 mm reliant la chambre de décharge de gaz avec le collecteur de gaz annulaire 15 d'environ 90 mm2 en section transversale radiale situé à côté de l'unité de bobine d'antenne 7, 8 ; 5) le diamètre de son espace de décharge de gaz était de 146 mm avec une hauteur de 70 mm résultant en un rapport d'aspect de 70/146-0,48 qui signifie une faible perte de particules chargées sur la surface interne de la chambre 1. Notez qu'à la puissance incidente RFG *PG=200* W avec un courant de bobine *2=3.*28 A pendant 10 minutes de mesures de la sonde, la température de la bobine à la pression atmosphérique n'a pas dépassé 60°C. Un tel chauffage de la bobine semble tout à fait acceptable pour ses tours et son noyau de ferrite.

Le volume total de la chambre à vide était de 1,9 l. Sa moitié supérieure 1 était utilisée comme unité de décharge de gaz. La chambre inférieure était alimentée par l'épaulement 18 sur lequel la GEI devait être fixée lors des prochaines expériences avec le faisceau d'ions. Les rainures d'étanchéité à section radiale en forme de queue d'hirondelle utilisées dans les deux sections de la chambre et dans le couvercle de la bobine étaient remplies d'un cordon de vitone monolithique de 5,34 mm de diamètre qui se comprimait pendant le pompage dans les limites de la déformation élastique, ce qui assurait une haute qualité d'étanchéité à usage multiple. Le pompage de la chambre à vide a été effectué à l'aide de deux appareils sans huile : la pompe turbomoléculaire Varian V-70 (vitesse de pompage de 68 l/s pour l'azote avec un vide limite de 8-10-10 Torr) et la pompe mécanique à spirales Anest Iwata ISP-90 (vitesse de pompage de 90 l/min avec un vide limite de 3.8-10-2 Torr). Cet équipement a fourni le vide limite *p*=(1.2^1.5)-10-6 Torr dans la présente expérience.

II.2 Disposition des diagnostics par plasma de sonde dans l'unité de décharge de gaz ICP.

Les mesures de la sonde ont été effectuées à l'aide du système de sonde

VGPS-12 de Plasma Sensors Co. 9], qui fournit des diagnostics précis de tous les plasmas, y compris les plasmas de décharge RF de différents types, et qui présente les réalisations les plus avancées en physique expérimentale [8]. Son système de contrôle basé sur le programme LabView utilise la méthode de Druyvesteyn selon laquelle les caractéristiques tension-ampère (VAC) de la sonde, enregistrées avec une grande précision et très lissées, sont soumises à une double différentiation. Leurs dérivées de second ordre sont proportionnelles aux fonctions de probabilité de l'énergie des électrons (EEPF EEDF/E1 [2] où *E* est l'énergie des électrons) qui représentent les paramètres de mesure initiaux de la station VGPS-12 et ne nécessitent aucune hypothèse *préalable* concernant leurs formes. Cette caractéristique est considérée comme un avantage important de la méthode de diagnostic de Druyvesteyn.

La disposition générale des diagnostics de la sonde utilisant un circuit de commande de la sonde similaire à celui de la station VGPS et l'algorithme de son programme de commande sont décrits dans [8]. Ces mesures sont effectuées en mode de traitement en temps réel par l'enregistrement rapide de 1000 VAC de sonde, leur filtrage adaptatif, le calcul de la moyenne et la double différentiation des VAC de sonde moyennes lisses ainsi obtenues. Dans cet instrument, les méthodes les plus efficaces de protection des résultats de mesure contre les distorsions des VAC RF et la contamination des surfaces collectrices des sondes sont appliquées. En particulier, le bruit de tension RF à travers la gaine de la sonde de la charge d'espace et la chute de tension sur la section du circuit de la sonde "sonde-VGPS" sont supprimés par des sondes de référence de grandes surfaces collectrices fixées près des pointes de la sonde de mesure. La figure 28 présente un schéma de ce procédé très important.

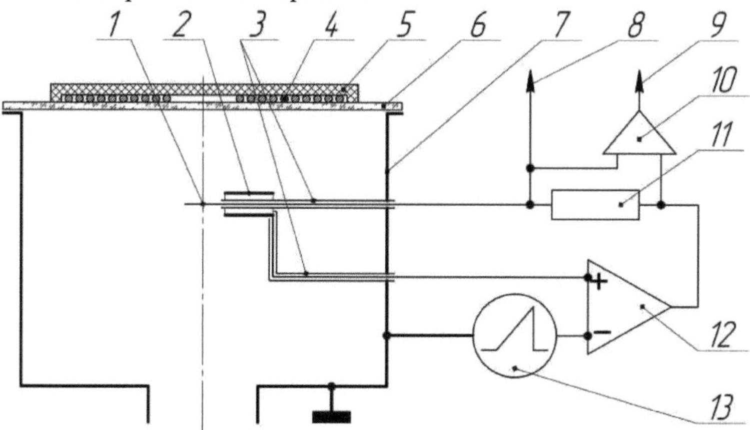

Fig. 28 Schéma principal d'un circuit de sonde avec une sonde de référence fixée près de la pointe de mesure de la sonde

1- sonde cylindrique, 2- sonde de référence, 3- écrans nus tubulaires (dans le présent travail, un seul écran tubulaire commun est utilisé), 4- bobine d'antenne, 5- noyau de ferrite, 6- fenêtre en quartz, 7- chambre à vide, 8- signal de tension de la sonde, 9- signal de courant de la sonde, 10- amplificateur différentiel de courant de la sonde, 11- résistance de mesure du courant de la sonde, 12- amplificateur opérationnel pour la tension de commande de la sonde, 13- source d'impulsions de tension linéaires en dents de scie fonctionnant à la fréquence $f=1$ kHz

L'utilisation pratique de ce circuit a montré qu'il compensait assez efficacement la tension parasite sur sa section "sonde-VGPS", supprimait le bruit à basse fréquence du potentiel spatial du plasma et son amplificateur 12 agissait comme une électrode de shuntage pour la compensation de la tension RF [2, 8]. Quant à la surface collectrice de la sonde, elle est nettoyée par bombardement ionique et par chauffage par courant RF jusqu'au niveau de température contrôlé. Dans le modèle récent du VGPS, appelé analyseur de sonde à plasma multifonction (MFPA), ce service est assuré par des impulsions à haute tension [9]. Il est à noter que la station de sonde VGPS enregistre le courant total de la sonde sans tenir compte de la composante ionique VAC car sa contribution est généralement négligeable. Par conséquent, les EEDF sont enregistrés par la station VGPS avec une plage de mesure dynamique allant jusqu'à 60 dB, ce qui assure la haute qualité de ce diagnostic. Selon la méthode de Druyvesteyn, leur intégration ultérieure donne la température T_e et la concentration n_s des électrons. *L'*analyse de l'objectivité de ce diagnostic par sonde, l'évaluation des méthodes de traitement VAC utilisées dans la station de sonde du VGPS-12 et la comparaison avec les résultats de diagnostics similaires ont montré que cette station de sonde détermine la température électronique T_e et la concentration électronique n_e avec une marge d'erreur d'environ ±10% et avec des marges d'erreur beaucoup plus faibles pour le potentiel flottant du plasma V_f, le potentiel d'espace du plasma V_s et la densité de courant de saturation des électrons j_{es} [10].

Le processus de mesure de la station de sonde VGPS-12 commence par l'enregistrement périodique préliminaire des VAC de la sonde affichés sur l'écran de l'ordinateur. Leur point initial et la plage complète de l'impulsion de tension de la sonde sont ajustés pour atteindre le potentiel V_s de l'espace plasma avec un certain chevauchement et pour obtenir la longueur de la branche ionique autour de la différence de potentiel plasma $\Delta V_f=V_s-V_f$. Ce processus d'ajustement n'est pas dangereux pour la sonde car il nettoie sa surface collectrice en plus de la technique de nettoyage mentionnée ci-dessus. Lorsque la décharge devient stable, le curseur peut appuyer sur le bouton START. A partir de ce moment, pendant deux secondes, 1000 VAC sont enregistrés, filtrés et moyennés, les paramètres du plasma T_e et n_e sont déterminés et envoyés à la base de données et au moniteur de l'ordinateur, ainsi que les VAC de la sonde et la fonction de probabilité de l'énergie des électrons EEPF=EEDF/£J/2 sous forme de tableaux, les potentiels du plasma *Vf* et *Vs* et les graphiques de la densité de courant de la sonde *j(V), j\V), j''(V),* et EEPF (selon la méthode de Druyvesteyn, *Vs* est déterminé par le point zéro de la courbe *j''*(*V*)). L'intervalle de temps relativement court de ce traitement de données permet de les considérer comme un mode de mesure en temps réel. La vue résultante de l'affichage du VGPS-12 pour une puissance incidente RFG *PG=200* W et *r=0* (position axiale de la sonde) est présentée à la Fig. 29.

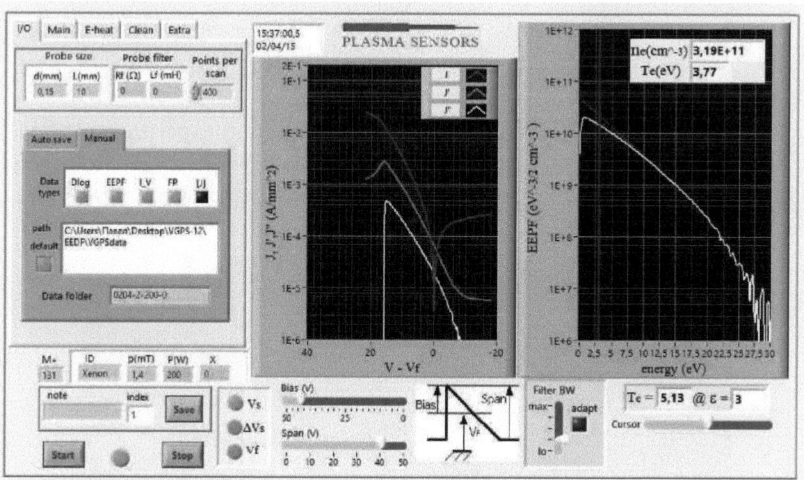

Fig. 29 Affichage du VGPS-12 pour le point expérimental P_{in}=200 W, *r=0*, *p=2* mTorr (*lp=10* mm)

Selon [3], dans la décharge ICP avec une bobine d'antenne renforcée par un noyau de ferrite et alimentée par un enroulement de transformateur symétrique, la composante efficace à haute fréquence du potentiel flottant *Vf* à la pression du plasma de la présente étude *p=2* mTorr est *VfRF~0*,4 V à la température de l'électron T_e, V étant supérieur d'un ordre de grandeur. Par conséquent, comme il a été noté dans [2], dans une telle situation, aucun filtre RF n'est nécessaire dans le circuit de la sonde.

La photographie de la station de sonde VGPS-12 est présentée à la Fig. 30.

Fig. 30 Apparence de la station de sondage VGPS-12

La Fig. 31 montre une vue générale de l'installation expérimentale RIT-10F actuelle pendant le processus de mesure de la sonde à l'aide d'une station de sonde VGPS-12 connectée à la sonde-1 droite mobile radialement.

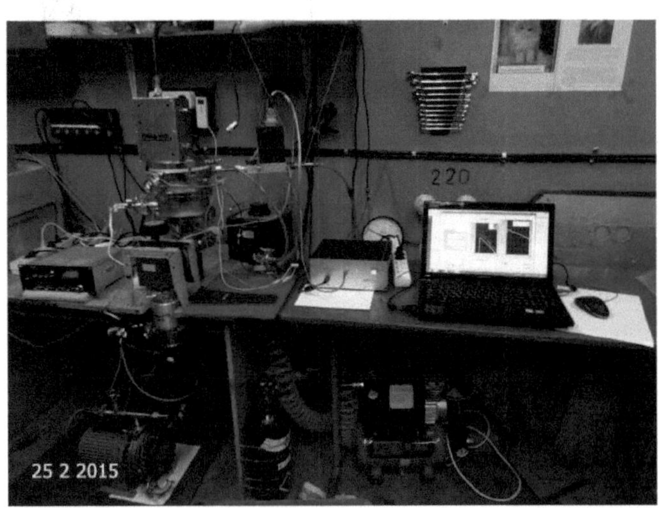

Fig. 31 Disposition des mesures de la sonde utilisant la station de sonde VGPS-12 connectée à une sonde cylindrique droite mobile radialement insérée dans l'espace de décharge des gaz du modèle de bureau RIT-10F.

Les mesures de la sonde de ce travail ont été effectuées dans la tablette de plasma de xénon à basse pression *(p=2* mTorr) de 146 mm de diamètre et 39 mm d'épaisseur devant l'épaulement 18 de la section inférieure de la chambre (Fig. 27) afin de déterminer le caractère général des propriétés du modèle de propulseur ionique. Des outils cylindriques, la sonde droite-1 et la sonde en forme de L-2, ont permis d'établir des diagnostics de plasma dans ladite tablette de plasma. La sonde-1 s'est déplacée radialement dans la section transversale centrale de la chambre de décharge de gaz du RIT-10F à *z=33* mm et est passée par des positions radiales *r=0+60* mm, tandis que la sonde en forme de L-2 est passée par les mêmes positions radiales en faisant tourner l'extrémité de la sonde autour de l'axe vertical à des positions longitudinales *z=30-69* mm. Ces sondes cylindriques étaient constituées d'un filament de tungstène de 0,15 mm de diamètre extérieur et d'une pointe de mesure de 10 mm de long. Leur construction sous la forme d'une sonde droite est présentée à la Fig. 32.

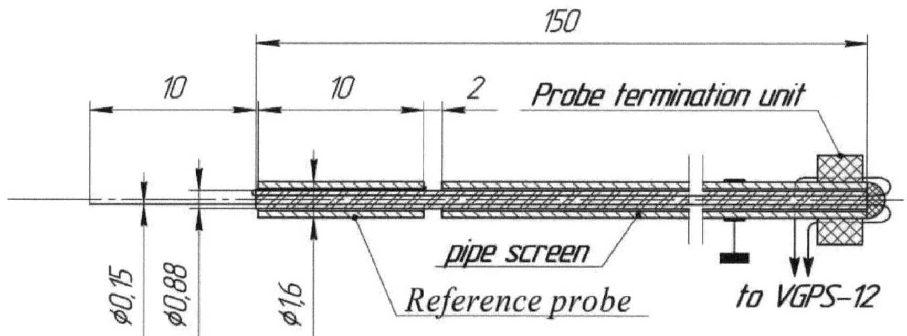

Fig. 32 Le dessin de la sonde cylindrique droite

Notez que les principales caractéristiques de la conception de la sonde-2 étaient les mêmes. Le filament de la sonde était injecté dans un capillaire en céramique de 0,88 mm de diamètre extérieur qui était inséré dans un tube en acier de 1,6 mm de diamètre extérieur. Ce tube servait de bouclier protégeant le circuit de la sonde des interférences RF. Un morceau du même tube de 10 mm de long a été fixé à côté de la pointe de la sonde de mesure et a été relié à un autre filament de tungstène inséré dans le canal du capillaire (en fait, ce capillaire en céramique avait 4 canaux). Ce morceau de tube, dont la surface collectrice dépasse la surface collectrice de la pointe de la sonde de mesure de plus d'un ordre de grandeur, a servi de sonde de référence à connecter à la station de la sonde VGPS-12 avec la pointe de la sonde cylindrique, comme décrit ci-dessus. Les tubes de blindage des deux sondes ont été mis à la terre dans les connecteurs de traversée à vide UltraTorr illustrés à la figure 27. La photo de cette sonde cylindrique-1 est présentée à la Fig. 33.

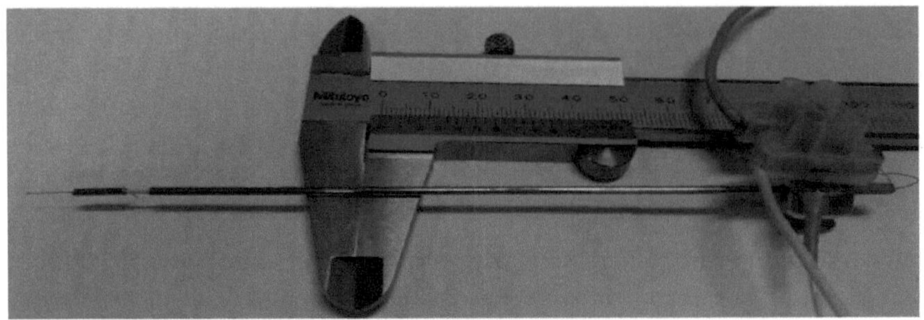

Fig. 33 La sonde cylindrique droite-1

La sonde-2 en forme de L est illustrée à la Fig. 34.

Fig. 34 La sonde cylindrique en forme de L-2

Les deux types de sondes cylindriques installées dans la chambre à vide sont illustrés à la Fig. 35.

Fig. 35 Photo des trois types de sondes de Langmuir installées dans la chambre à vide

Ici, à gauche de la sonde droite, on peut également voir une tige en céramique avec une sonde plane dans sa partie interne. Elle est également fournie avec le blindage de protection nu mis à la terre. L'application spéciale de cette sonde pour le diagnostic du plasma sera décrite ci-dessous.

Pour établir des diagnostics précis avec les sondes cylindriques, il était nécessaire de déterminer la longueur de leurs extrémités afin de réduire les perturbations locales du plasma causées par la recombinaison des particules chargées sur leurs premiers supports de sonde qui, dans le présent travail, étaient représentés par leurs sondes de référence. Ces perturbations devaient affecter les paramètres du plasma dans les limites de leurs erreurs de mesure qui, dans le cas de la station de sonde VGPS, étaient de ±10% pour la détermination du *ne* comme il a été noté ci-dessus. Ce problème a été résolu en utilisant des sondes cylindriques droites avec des longueurs de pointe de sonde *lp=3*, 5 et 10 mm. Les résultats de ces mesures de *ne* pour une puissance incidente RFG Pin=200 W [11] sont présentés à la Fig. 36.

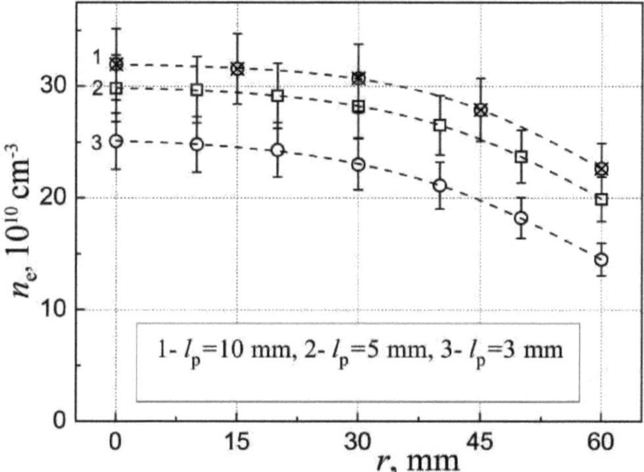

Fig. 36 Distributions *ne* radiales pour Pin=200 W obtenues en utilisant des sondes cylindriques de différentes longueurs

On peut voir sur cette figure que plus la pointe de la sonde est longue, plus la lecture de ne est élevée à partir de son VAC. Le réarrangement de ces courbes en fonction de la dépendance du ne mesuré par rapport à la longueur de la sonde pour différentes positions radiales de la sonde a permis de résoudre clairement le problème actuel, comme le montre la figure 37.

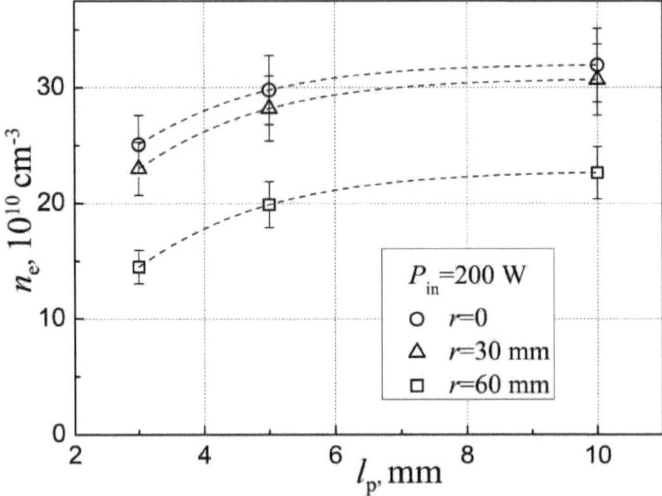

Fig. 37 Dépendance de la concentration d'électrons mesurée en fonction de la longueur de la pointe de la sonde pour différentes positions radiales de la sonde.

Il devient clair qu'en raison de la saturation des données de mesure avec l'augmentation de la longueur de l'extrémité de la sonde, les perturbations du plasma par le premier support de la sonde deviennent tout à fait acceptables pour des longueurs d'extrémité de sonde *lp*> 6^7 mm, car ces sondes peuvent diminuer artificiellement leurs données dans les limites de leurs marges d'erreur instrumentales [11]. Par conséquent, les lectures des sondes cylindriques de 10 mm de long ne dépendent pas sensiblement de la recombinaison des particules chargées sur leur premier support de sonde, ce qui peut être considéré comme un niveau négligeable de perturbation locale du plasma. On peut donc conclure que les paramètres du plasma de xénon mesurés avec la sonde *lp=10* mm correspondent à une ambiance locale pratiquement non perturbée à côté des extrémités de la sonde.

Il convient de noter que les données de mesure de la figure 37 peuvent être considérées comme universelles et comparables à toutes les sondes utilisées dans la pratique si elles sont représentées comme la dépendance de ne/nemax par rapport au rapport de la surface collectrice de la sonde *2nalp (a* est le rayon de la pointe de la sonde) à la partie de la surface collectrice de la sonde de référence à côté de la pointe de la sonde *4nb'l+nb'l (b* est le rayon du porte-sonde) qui est égale à la surface du premier porte-sonde d'un calibre de long additionnée à la surface de son extrémité plate. En désignant les rapports de ces surfaces 2nalp/5nb2 = 0,4(*a/b2*)*lp* par *Lp* qui ressemble à la longueur normalisée de la sonde, la version sans dimension des données de la Fig. 37 est présentée à la Fig. 38.

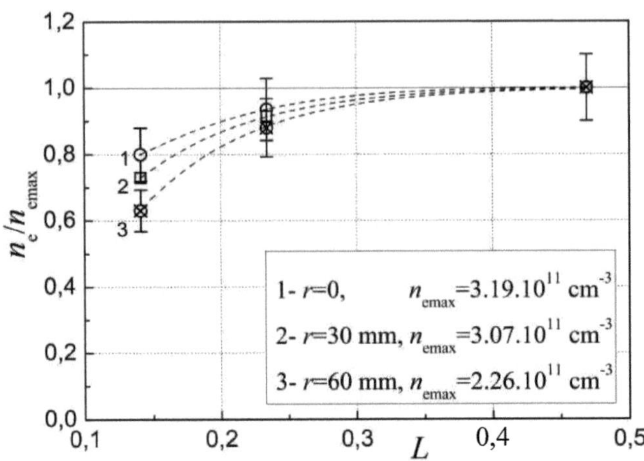

Fig. 38 Dépendance sans dimension de ne/nemax en fonction de la longueur normalisée de la sonde

Ainsi, les données présentées peuvent être comparées aux mesures des sondes d'autres auteurs. A titre d'exemple, nous pouvons considérer les dimensions de la sonde cylindrique données dans la revue [8] : *a=0.*038 mm, *b=0.*085 mm, et *lp=6* mm correspondant à *Lp~12*.6. Ce fait signifie qu'une telle sonde peut mesurer les paramètres du plasma sans aucune perturbation locale du plasma causée par son premier support de sonde.

II.3 Résultats des diagnostics de la sonde à plasma ICP

L'aspect de la moyenne typique de la VAC de la sonde-l obtenue dans la présente expérience pour $z=33$ mm, $r=0$, et $P_{in}=200$ W est montré à la Fig. 39.

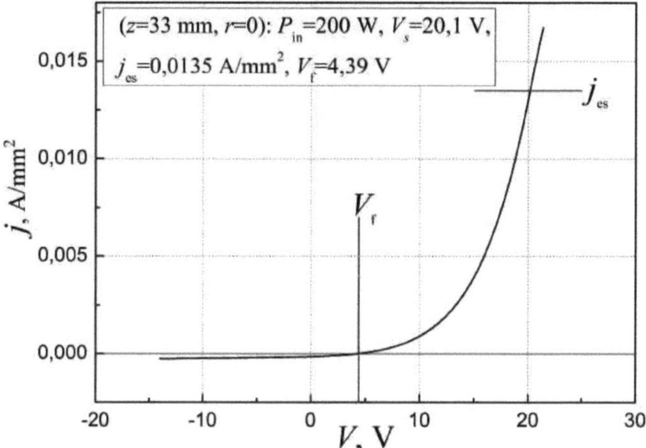

Fig. 39 VAC typique de la sonde pour le plasma de xénon dans la zone centrale de l'espace de décharge de gaz de RIT-10F

Sa forme est assez classique. En tenant compte du fait que pour cette sonde, la densité de courant maximale a atteint 0,02 A/mm2, on peut noter que pour la sonde de 0,15 mm de diamètre et de 10 mm de longueur avec une surface collectrice de 4,71 mm2, son courant maximal a atteint *Ipmax~0*,094 A. Pour confirmer la correspondance des mesures de la sonde ainsi disposée avec la condition de Langmuir qui implique que le courant maximal de la sonde doit être beaucoup plus faible que le courant de décharge créant le plasma, nous devons revenir au diagnostic intégral. D'après la figure 22, nous constatons que pour Pin=200 W, la puissance RF absorbée par le plasma est *Pp-175* W et que pour cette valeur *Pp*, selon la figure 24, la résistance équivalente du plasma est RPeq-16 Ohm. En utilisant la loi d'Ohm nous trouvons que dans ce cas le courant de décharge moyen Id=(PP/RPeq)12-3.3 A. Comme résultat nous voyons que Id/7pmax=3.3/0.094-35 ce qui signifie que le courant de décharge ICP a dépassé le courant maximal de la sonde d'environ 1.5 ordre de grandeur. Dans tous les autres points expérimentaux, ces rapports sont beaucoup plus élevés, de sorte que nos mesures de sonde correspondaient assez strictement à la condition de Langmuir exigeant une très faible influence des courants de sonde sur l'équilibre d'ionisation du plasma de xénon.

Comme il a été mentionné plus haut, le diagnostic de la sonde commence par l'obtention des fonctions de probabilité d'énergie des électrons EEPF enregistrées dans tous les points de mesure. Aux puissances RFG incidentes données Pin et à l'échelle semi-logarithmique qui est intéressante pour l'évaluation de la forme des EEPF, leurs distributions radiales varient assez faiblement. C'est pourquoi les EEPF expérimentaux peuvent être raisonnablement présentés à certaines positions fixes de la sonde pour différents niveaux de Pin. Un tel exemple

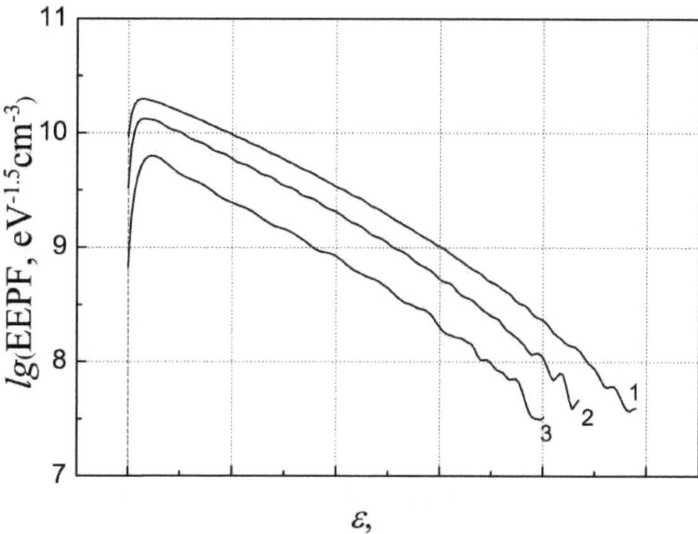

est illustré à la Fig. 40 pour le point *(z=33* mm, *r=0)* à Pin=200 W [12, 13].

0510 ,/152025

eV

Fig. 40 L'exemple des EEPFs mesurés pour différentes Pin à *r=0* 1- Pin=200 W, 2- 100 W, 3- 50 W
[12, 13]

Pour les plasmas maxwelliens, ces graphiques semi-logarithmiques devraient être linéaires, mais ici ils ne le sont pas. En même temps, leurs déviations par rapport à la linéarité ne sont pas très importantes. Il est bien connu dans la littérature qu'habituellement le plasma de décharge de gaz diffère de la substance Maxwellienne. Mais dans la présente expérience, sa dissemblance avec cette caractéristique ne semble pas assez significative. Par conséquent, le plasma de xénon non perturbé dans l'espace de décharge gazeuse du modèle RIT-10F peut être considéré qualitativement comme une substance maxwellienne. Une décision plus précise de ce problème sera donnée plus loin.

Il convient de noter qu'au niveau maximal de la puissance RF *P* ; n=200 W, l'écart par rapport à la linéarité de l'EEPF a légèrement augmenté dans la plage d'énergie des collisions élastiques électron-atome *£=0-8*,3 eV (8,3 eV est le premier potentiel d'excitation du plasma de xénon). De telles collisions dans un plasma à basse pression devraient réellement correspondre à l'EEPF de Maxwell. Par conséquent, dans l'expérience actuelle, nous avons subi une influence externe qui a entraîné certaines perturbations du plasma. Cette question sera également examinée ci-dessous.

II.2.1 Premières données obtenues par des sondes ayant un écran de protection nu

Les résultats des diagnostics par sonde utilisant la station de sonde VGPS-12 et la sonde-1 cylindrique droite mobile radialement dans la section transversale de l'espace de décharge gazeuse moyen $z=33$ mm sont présentés dans les Figs. 41-44 [12, 13].

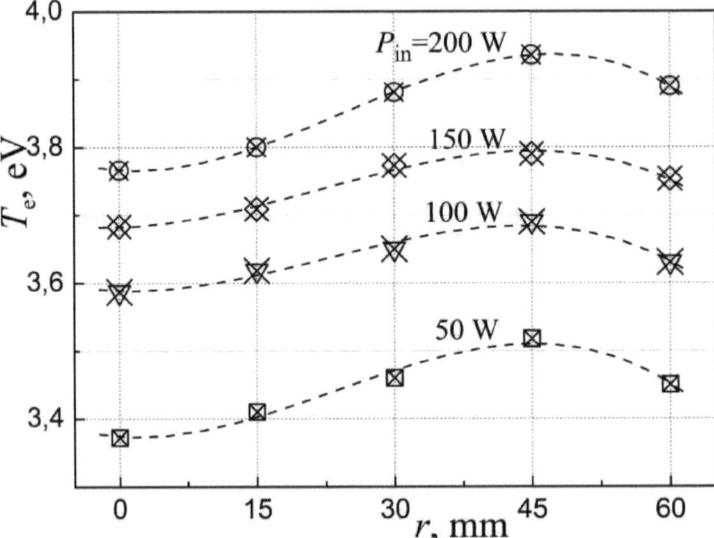

Fig. 41 Distributions radiales de la température des électrons pour différents P_{in}

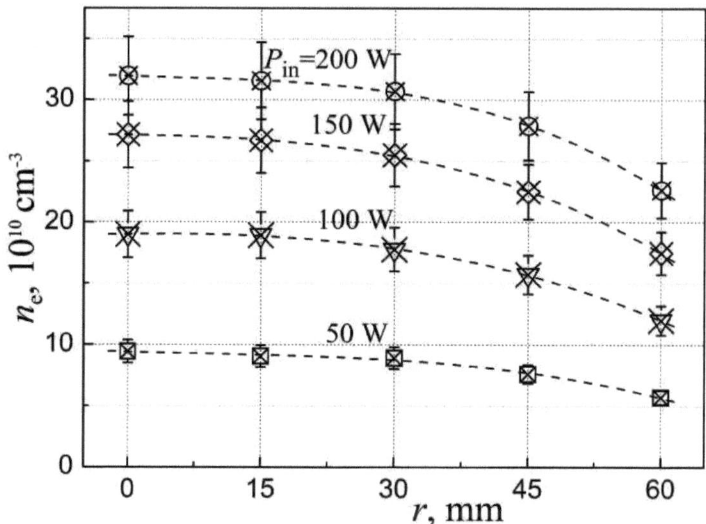

Fig. 42 Distributions radiales de la concentration d'électrons pour différents *Pin*

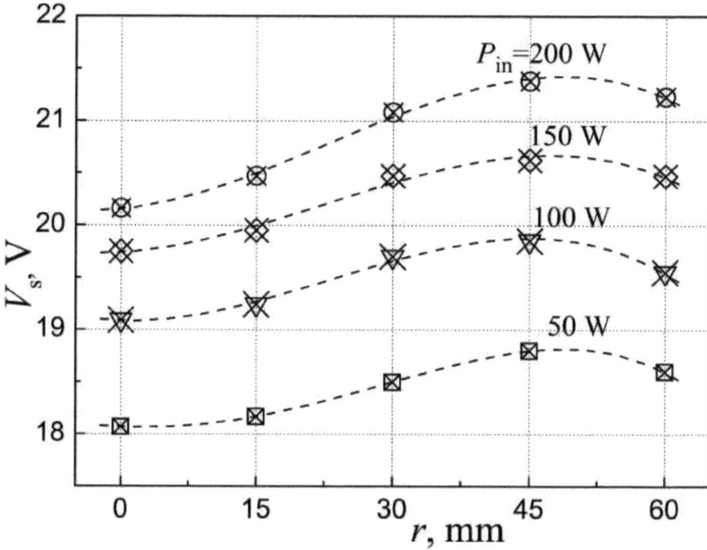

Fig. 43 Distributions radiales des potentiels d'espace du plasma pour différents Pin

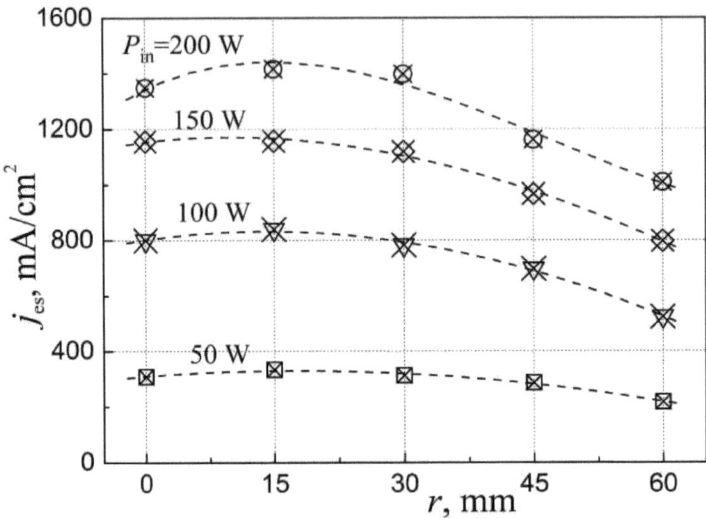

Fig. 44 Distributions radiales de la densité de courant de saturation des électrons pour différents P_{in}

Il faut noter que dans tous les points expérimentaux pour la sonde-1 droite, c'est-à-dire dans les positions radiales r =0^60 mm et à tous les niveaux de puissance incidente RFG P_{in} = 50+200 W, le potentiel flottant de la sonde est resté constant : Vf - 4,39 V. C'est un fait intéressant qui sera utilisé ci-dessous et la raison de cette particularité sera recherchée dans les travaux ultérieurs.

Ces résultats des mesures de la sonde 1 droite à $z=33$ mm peuvent être comparés aux données des diagnostics de la sonde 2 en forme de L qui ont déterminé les paramètres du plasma à $z=30$ mm, c'est-à-dire dans la couche supérieure de la tablette de plasma, ce qui correspond à la section transversale moyenne de l'espace de décharge du gaz, où la sonde 1 s'est déplacée radialement dans la plage r = 0-60 mm et la sonde 2 en forme de L a fonctionné dans des points radiaux r = 0, 30 et 60 mm pour lesquels les positions extrêmes coïncidaient avec celles de la sonde droite et le point central était situé un peu à l'écart. Les données de distribution longitudinale des paramètres du plasma présentées plus loin, mentionnées dans [12], ont montré que cette différence dans les positions z ne pouvait pas entraîner de variations notables des paramètres du plasma. Par conséquent, nous devons supposer que les sondes des deux types ont fonctionné dans une section centrale commune de l'espace de décharge gazeuse. Les résultats des mesures de la distribution radiale de T_e, n_e, V_s et j_{es} obtenues par les deux sondes à z=30-33 mm et pour des puissances RFG incidentes P_{in} = 50-200 W sont présentés dans les figures 45-48.

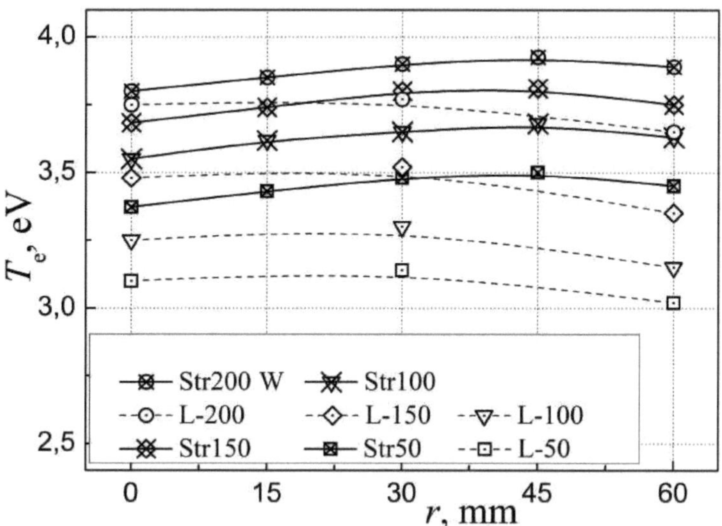

Fig. 45 Distributions radiales de *Te* pour les deux types de sonde à *Pin* = 50^200 W.

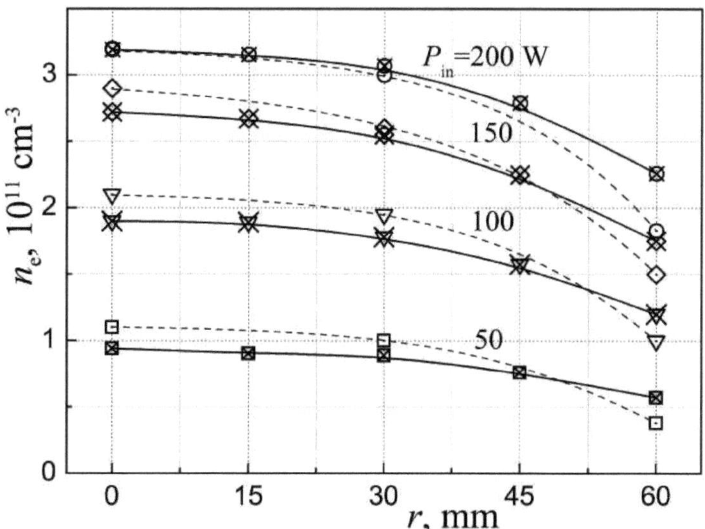

Fig. 46 Distributions radiales de *ne* pour les deux types de sonde à Pin = 50+200 W.

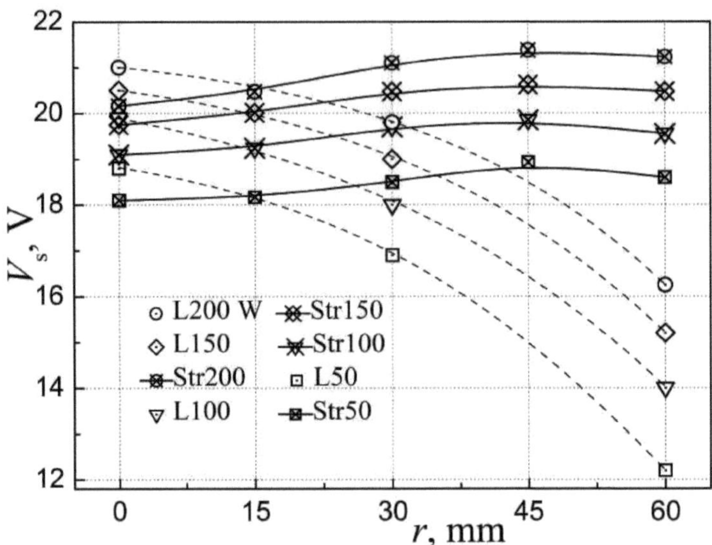

Fig. 47 Distributions radiales de *Vs* pour les deux types de sonde à *Pin* = 50+200 W.

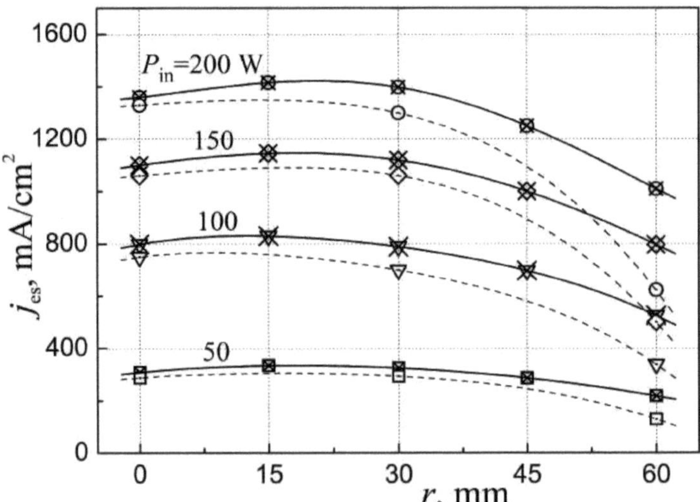

Fig. 48 Distributions radiales de *jes* pour les deux types de sonde à Pin = 50+200 W.

On peut voir que les lectures des deux sondes diffèrent assez sensiblement, bien qu'elles aient enregistré les paramètres du plasma dans la même section transversale de la tablette et qu'elles aient deux points coïncidents, $r = 0$ et $r = 60$ mm, où leurs lectures diffèrent assez sensiblement, en particulier dans la deuxième position, $r = 60$ mm, à côté de la paroi du GDC que nous avons déjà appelée le point "spécial" A montré dans les figures 26 et 27. Notez que leurs écarts généraux sont plus importants pour les potentiels d'espace du plasma, Vs (Fig. 47), et les températures des électrons, Te (Fig. 45). En raison de la négligence des distorsions locales du plasma à partir des deux pointes de la sonde [11], comme cela a été discuté ci-dessus, et de l'utilisation de sondes de référence et d'écrans de protection nus, nous devons supposer que les écarts de mesure de la sonde obtenus dans le présent travail ont été causés, probablement, par une sorte de perturbation de la structure spatiale de la décharge gazeuse. Parmi les sources possibles de ces écarts, nous pouvons énumérer les différents modèles de sondes, les différentes plages de variation de la longueur de leur écran nu et leurs différents emplacements.

Pour trouver la source principale des divergences de mesure entre eux, nous devons obtenir un ensemble complet de paramètres de la tablette de plasma pour analyser l'image générale de ses propriétés. À cette fin, la sonde 2 a été déplacée vers le bas à l'intérieur de la tablette de plasma, passant par trois positions longitudinales supplémentaires, z = 43, 56 et 69 mm, et à chacune d'elles, elle a tourné autour de son axe, enregistrant les paramètres du plasma en trois points radiaux, r = 0, 30 et 60 mm. De cette manière, les distributions longitudinales des paramètres des pastilles de plasma ont été obtenues. Leurs résultats ont été approchés linéairement pour les trois positions radiales, comme le montrent les Figs 49-60.

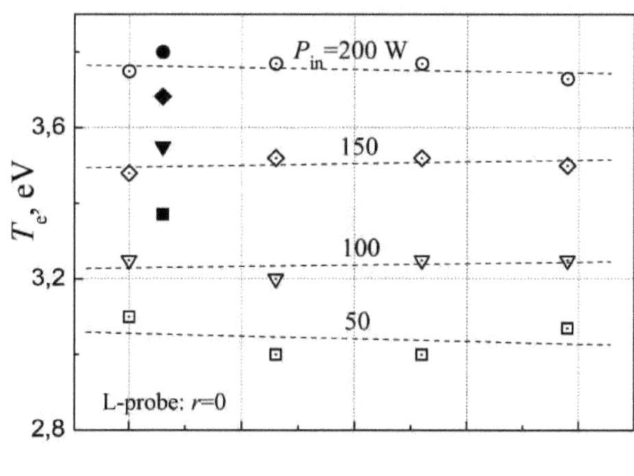

3040506070

z, mm

Fig. 49 Distributions longitudinales de Te pour la sonde L à r = 0 et Pin = 50+200 W.

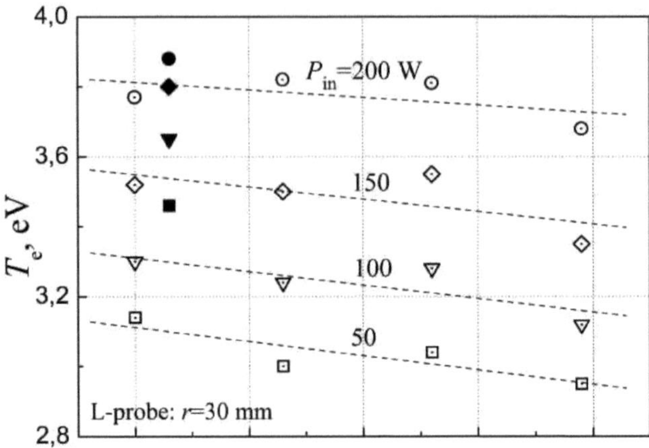

z, mm

Fig. 50 Distributions longitudinales de T_e pour la sonde L à r = 30 mm et P_{in} = 50^200

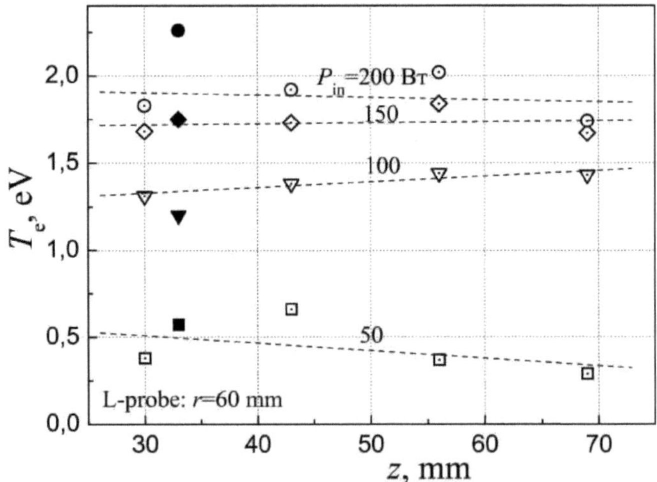

W.

Fig. 51 Distributions longitudinales de T_e pour la sonde L à r = 60 mm et P_{in} = 50^200 W.

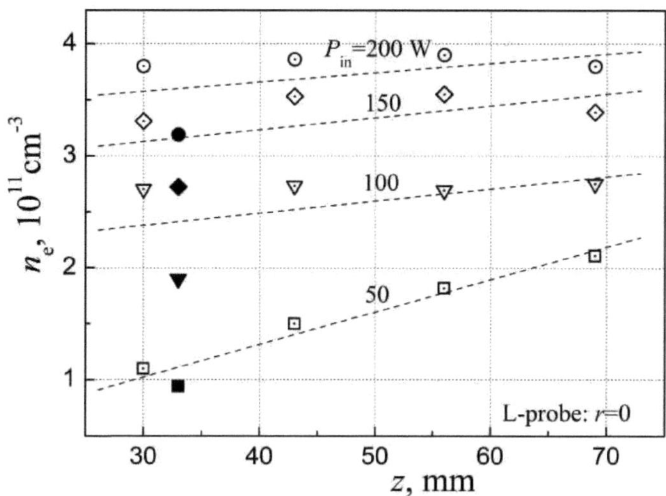

Fig. 52 Distributions longitudinales de n_e pour la sonde L à $r = 0$ et $P_{in} = 50$^200 W.

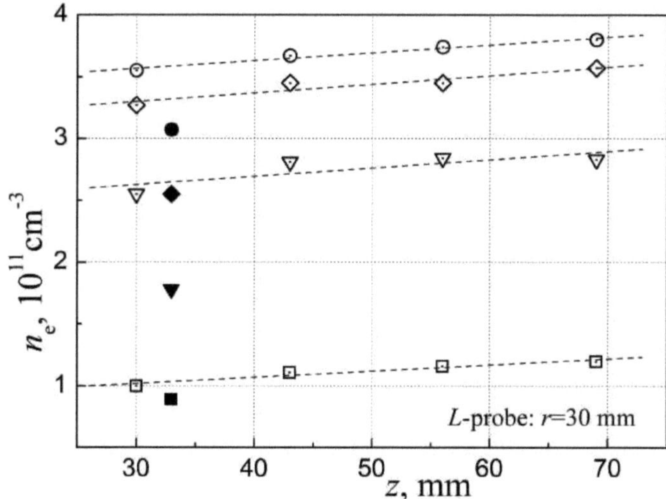

Fig. 53 Distributions longitudinales de n_e pour la sonde L à $r = 30$ mm et $P_{in} = 50$+200 W.

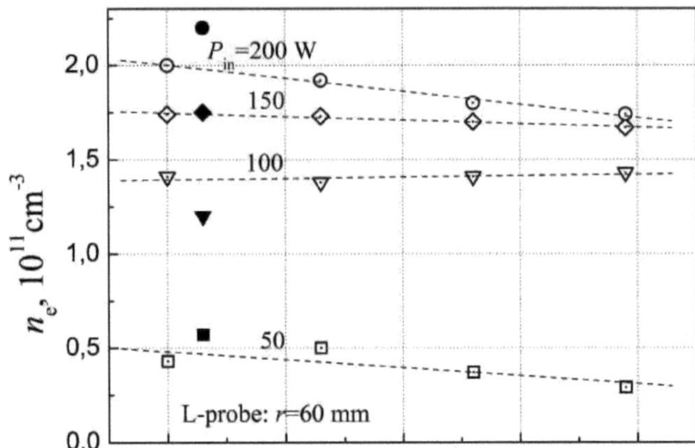

Fig. 54 Distributions longitudinales de n_e pour la sonde L à r = 60 mm et Pm = 50+200 W.

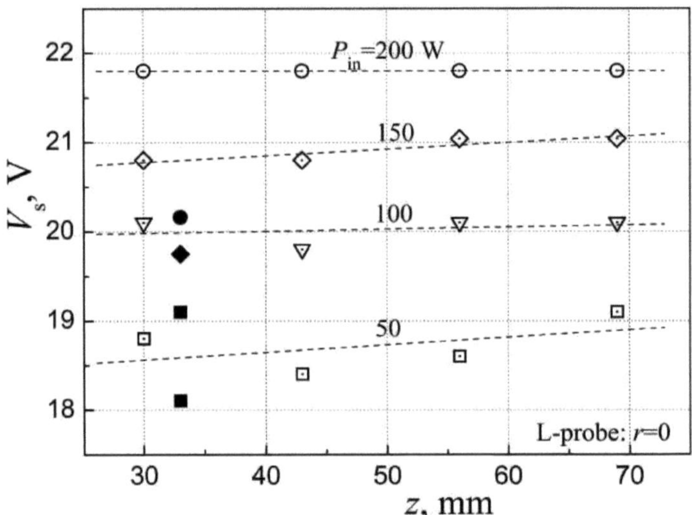

Fig. 55 Distributions longitudinales de Vs pour la sonde L à r = 0 et P_{in} = 50+200 W.

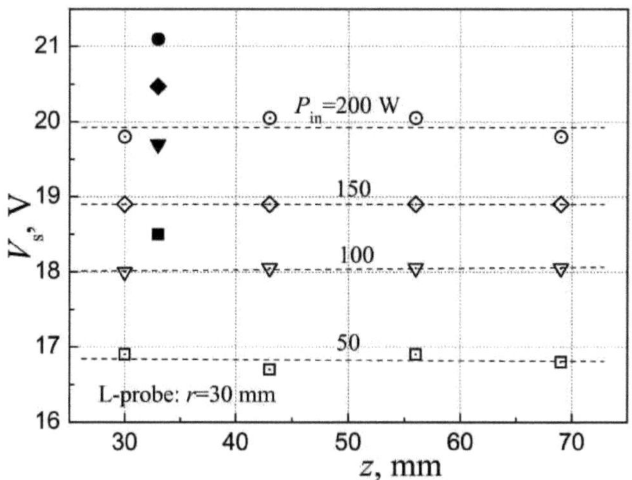

Fig. 56 Distributions longitudinales de *Vs pour* la sonde L à r = 30 mm et P_{in} = 50^200 W.

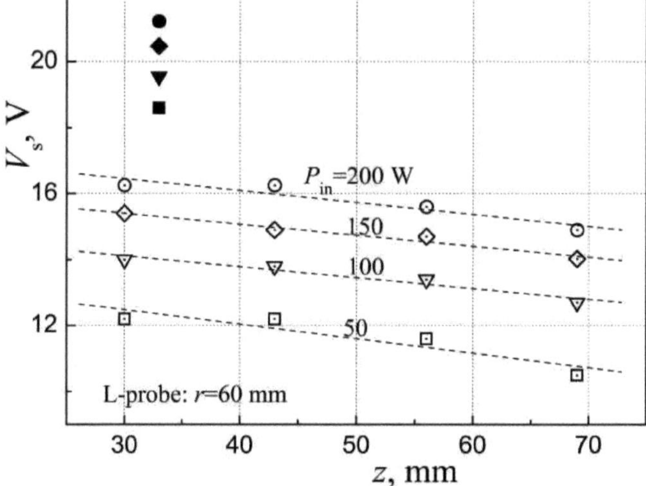

Fig. 57 Distributions longitudinales de *Vs* pour la sonde L à r = 60 mm et P_{in} = 50^200 W.

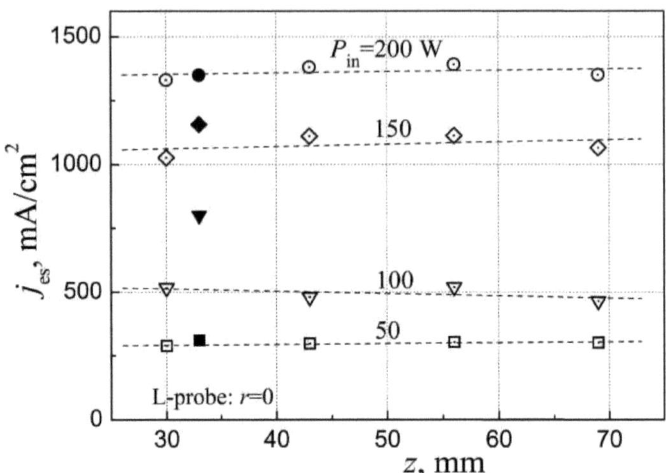

Fig. 58 Distributions longitudinales de *jes* pour la sonde L à $r = 0$ et $P_{in} = 50 \div 200$ W

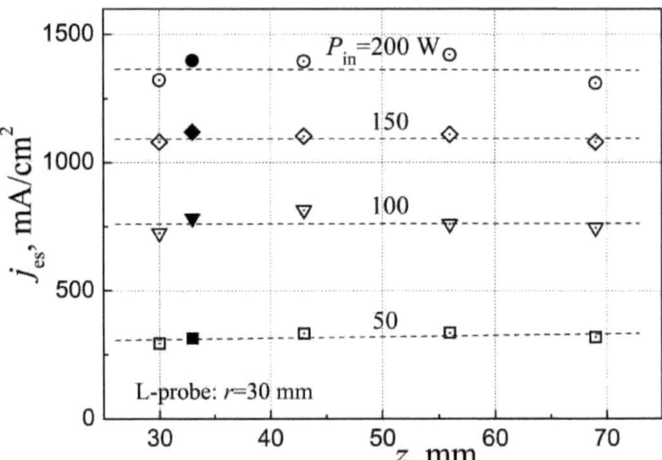

Fig. 59 Distributions longitudinales dejes pour la sonde L à $r = 30$ mm et $P_{in} = 50 \div 200$ W.

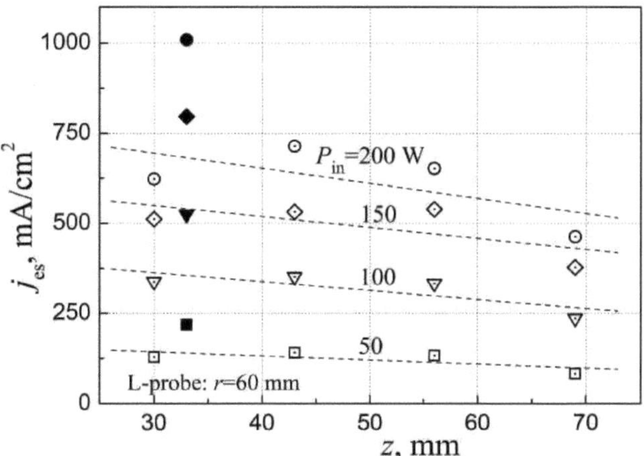

Fig. 60 Distributions longitudinales de *jes* pour la sonde L à r = 60 mm et P_{in} = 50+200 W.

Ces figures sont assez nombreuses mais elles sont nécessaires pour organiser une représentation complète des paramètres de la tablette de plasma afin de l'analyser dans le présent travail et peut-être pour poursuivre cette considération dans des travaux ultérieurs. Dans tous les graphiques des figures 49-60, les résultats de mesure de la sonde droite-1 sont représentés par des points noirs afin de permettre une comparaison claire avec les points creux obtenus par la sonde-L. L'examen de ces figures montre que, très rarement, les lectures des deux sondes sont proches l'une de l'autre. En général, elles sont différentes, et parfois leurs différences sont assez importantes. Par exemple, voir les figures 45, 47, 57 et 60 qui montrent les plus grandes différences de résultats de mesure au point spécial r = 60 mm. Toutes les données de la sonde L montrent que les variations longitudinales des paramètres du plasma dans la tablette de plasma sont plutôt faibles, de sorte que les différences de données de mesure dans la couche supérieure de la tablette de plasma ne pouvaient pas être le résultat de différents niveaux de déplacement de la sonde z = 30 mm et z = 33 mm. Il y avait une certaine source de distorsions de la structure du plasma. Par conséquent, la question est la suivante : quelle est la principale raison des écarts de mesure de la sonde ainsi révélés ?

II.2.2 Évaluation quantitative des erreurs de mesure et de leurs corrections

Pour répondre à cette question, nous avons dû trouver la base d'une telle analyse. À notre avis, elle devrait être représentée par l'état du plasma qui est reflété par les EEDF et leurs déviations par rapport à la fonction idéale de Maxwell. Cette tâche n'est pas difficile pour nous car le programme de contrôle de la station sonde VGPS-12 est basé sur la méthode Druyvesteyn selon laquelle les EEDFs du plasma sont enregistrées avec précision comme première étape du diagnostic de la sonde sans aucune limitation de leurs formes. Tout d'abord, nous comparons les EEDF pour une évaluation qualitative de leurs apparences dans une position spéciale commune aux sondes des deux types, située à côté de la paroi du GDC à $r = 60$ mm dans la couche supérieure de la pastille de plasma à $z = 30\text{-}33$ mm - voir Fig.61.

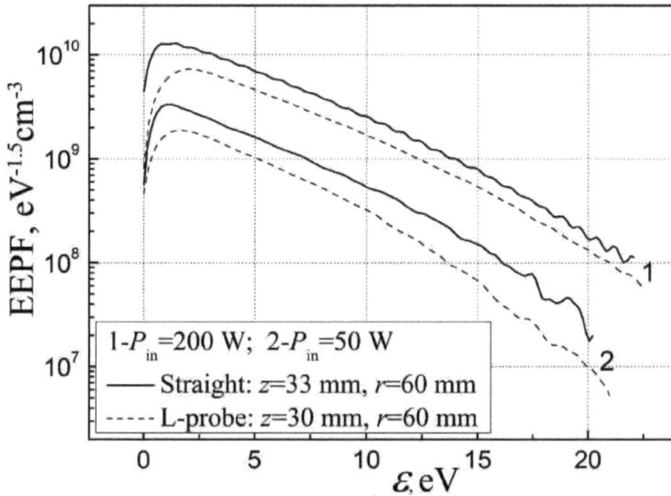

Fig. 61 Les EEPF pour les deux types de sonde à *z=30-33* mm, *r=60* mm, et P_{in}= 200 & 50 W

Comme à la Fig. 40, ici les quatre courbes ne semblent pas linéaires alors que leurs écarts par rapport à la linéarité ne sont pas trop importants. Mais il est difficile de les comparer avec les fonctions de Maxwell car ces graphiques n'ont pas d'indications précises pour l'analyse des mesures. Il semble donc logique de se tourner vers les évaluations quantitatives de l'EEDF. À cette fin, nous devons utiliser la méthode proposée par les auteurs dans [12, 13]. Selon cette méthode, les valeurs mesurées des densités de courant de saturation des électrons, *jes,* doivent être comparées aux valeurs théoriques maxwelliennes sous la forme du rapport *jes/jesM,* où *jesM* est la densité de courant de saturation des électrons pour les plasmas idéaux isotropes maxwelliens exprimée par la formule classique

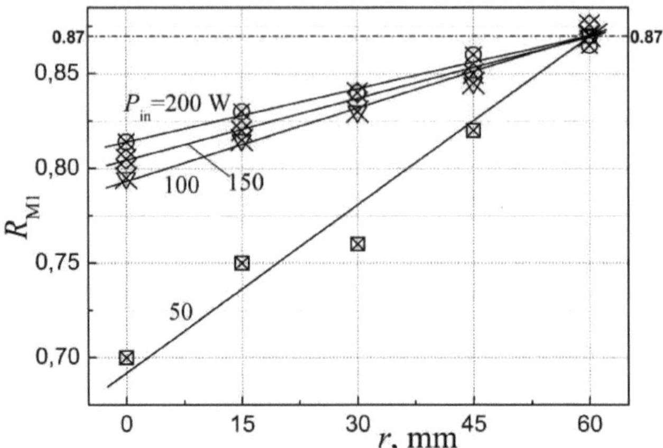

Fig. 62 Distributions radiales R_{MI} pour la sonde droite-1 à P_{in} = 50-200 W.

Ces résultats se sont avérés intéressants et inattendus, montrant que pour la sonde droite-1, les EEDF et leurs écarts par rapport aux fonctions maxwelliennes idéales reflétaient l'influence de la longueur du bouclier de protection de la sonde nue et variaient linéairement avec sa longueur *lsh1* en commençant par l'écart maximal $^{\wedge}{}_{MI}$ = 0,7-0,82 à r = 0 et *lshi* = 56 mm. Cet écart a convergé linéairement et son niveau moyen a augmenté linéairement avec *lshi* jusqu'au point unique $^{\wedge}{}_{MI}$ ~ 0,87 à r = 60 mm qui est resté approximativement constant pour tous les niveaux de puissance RFG incidente P_{in} au point où le bouclier de la sonde droite était absent, *lsh1* = 0. Par conséquent, les perturbations possibles du plasma autour de la pointe de cette sonde-1 étaient proportionnelles à la longueur *lsh1* de son bouclier, atteignant un niveau de perturbation minimal au point (*lsh1* = 0, r = 60 mm), que nous avons déjà appelé le point "spécial" A (figures 26, 27) où les sondes des deux types ayant déterminé l'ensemble des paramètres du plasma ont permis des comparaisons quantitatives de leurs valeurs.

Une analyse plus approfondie de la situation de mesure sera plus commode en utilisant des expressions analytiques pour les données de la Fig. 62. Elles ont été représentées par les équations suivantes :

$$\text{for } P_{in}=50 \text{ W}: R_{M1}(r)=3\cdot 10^{-3}r + 0.69; \quad (5)$$

$$P_{in}=100 \text{ W}: R_{M1}(r)=1.283\cdot 10^{-3}r + 0.793; \quad (6)$$

$$P_{in}=150 \text{ W}: R_{M1}(r)=1.1\cdot 10^{-3}r + 0.804; \quad (7)$$

$$P_{in}=200 \text{ W}: R_{M1}(r)=0.933\cdot 10^{-3}r + 0.814 \quad (8)$$

On peut voir sur la Fig. 62 que les distorsions EEDF de notre plasma de xénon semblent étonnamment sérieuses parce qu'habituellement, les diagnostics par sonde du plasma à basse pression étaient effectués à l'aide de sondes de Langmuir dont les circuits étaient conventionnellement protégés contre les interférences radioélectriques par des boucliers métalliques nus [14, 15]. Il était entendu qu'elles pouvaient court-circuiter les différences de potentiel du plasma, mais on considérait qu'il s'agissait de courants de court-circuit initiaux plutôt faibles, bien inférieurs aux courants de décharge responsables de l'ionisation du plasma. Par conséquent, cet effet a été considéré comme étant plutôt faible et pouvant à peine influencer l'état du plasma. Quant aux résultats de nos mesures des distorsions EEDF, ils ont montré que l'influence des boucliers nus sur l'état du plasma était assez notable. Nous verrons plus loin comment cette influence s'est traduite quantitativement sur les paramètres du plasma.

Des évaluations similaires des distorsions EEDF ont également été effectuées pour la sonde L, la sonde-2. Leurs résultats sont présentés à la Fig. 63.

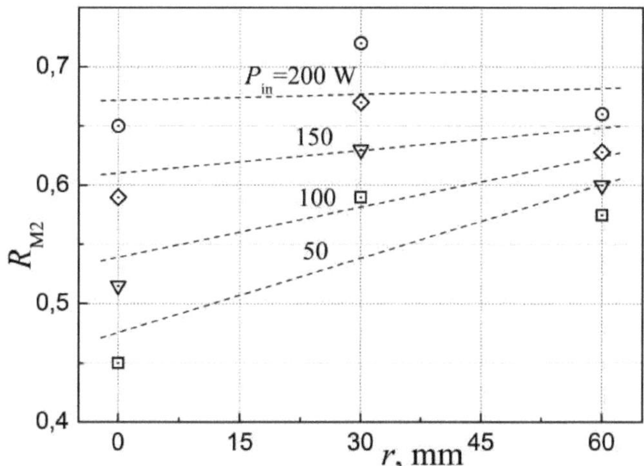

Fig. 63 Distributions radiales *RM2* pour la sonde en forme de L- 2 à P_{in} = 50-200 W.

Les distributions radiales RM2(*r*) pour la sonde-2 ont montré que ses paramètres *RM2* variaient dans des plages inférieures : 0,45-0,65 à *r* = 0, 0,6-0,72 à *r* = 30 mm, et 0,57-0,65 à *r* = 60 mm. En outre, leurs approximations linéaires ont démontré que les perturbations générales EEDF pour la sonde-2 diminuaient faiblement vers la paroi de la chambre à vide, ce qui correspondait à une légère augmentation des lignes d'approximation RM2(*r*). Au point spécial (*Zshi* = 0, *r* = 60 mm), les EEDF pour le plasma autour de la sonde-2 s'écartent de la fonction de Maxwell beaucoup plus que les 13 % d'écarts pour le plasma autour de la sonde-1 droite qui correspondent à *RM1* - 0,87. Ce fait signifie qu'à ce moment-là, les interactions entre le plasma et le bouclier pour la sonde-1 droite étaient plutôt faibles, alors que pour la sonde-2, elles étaient beaucoup plus actives.

Par conséquent, les données de mesure de la sonde-2 au point spécial (*Zsh1* = 0, *r* = 60 mm) peuvent être comparées quantitativement aux données faiblement déformées de la sonde-1 droite montrant les perturbations réelles du plasma causées par l'écran de protection nu de la sonde-2. Cette comparaison a été faite sous la forme des rapports *Te2Te*, ne2lnei, K2ЖI, et *Jes2/jes1* en utilisant les données du point spécial pour les deux sondes tirées des Figs. 4548. La Fig. 64 montre les dépendances de ces rapports à la puissance RF absorbée par le plasma *PP* - *(X2/X1)*(Pp).

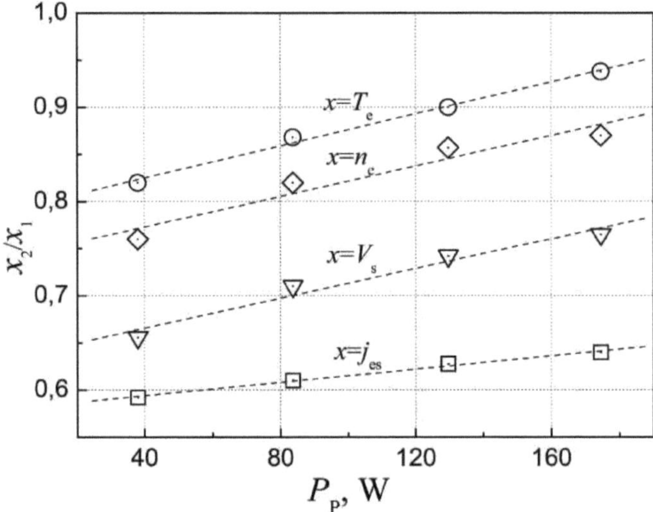

Fig. 64 Rapports des paramètres du plasma (*xilxi*) en fonction de *PP* pour les deux sondes

On constate que les paramètres du plasma sont abaissés différemment au point spécial : plus la puissance RF est absorbée par le plasma, moins cet abaissement est important et donc moins les distorsions EEDF du plasma sont initiées par le blindage de la sonde-2. Les données de la Fig. 64 pour le point spécial *r* = 60 mm ont été utilisées pour obtenir les dépendances de ces rapports de paramètres du plasma (*X2IX1*) sur le *RM2* pour la sonde-2 qui sont montrées dans la Fig. 65 avec le point (*RM1* " 0.87, (*x2lx1*) = 1) pour la sonde-1 droite.

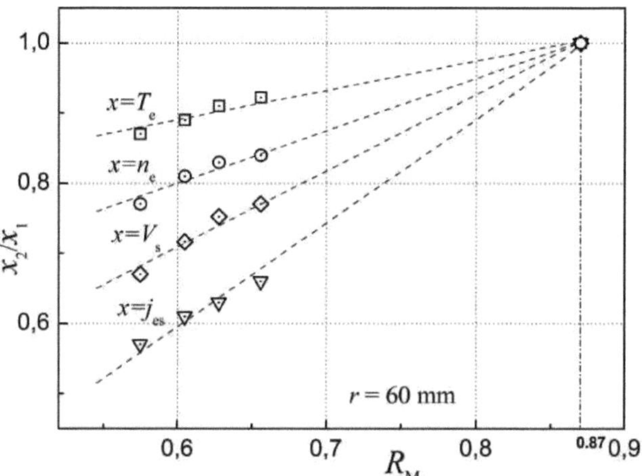

Fig. 65 Fonctions générales approximées linéairement $(XI/X1)(R_M)$ DANS LA gamme de R_M =

La physique des interactions des deux sondes avec le plasma était la même, c'est pourquoi tous les groupes de dépendances $(x2/x1)(R_{M2})$ pour la sonde-2 ont fait l'objet d'une approximation linéaire avec le point universel (R_{M1} ~ 0,87, $(X2/X1) = 1$) pour la sonde-1 droite afin d'obtenir la fonction générale $(x2/x1)(R_M)$ qui caractérise les erreurs de mesure de la sonde causées par les écrans de protection nus. Les dépendances ainsi obtenues pour différents paramètres du plasma sont représentées sur la Fig. 65 par des lignes pointillées.

Ces fonctions générales $(x2/x1)(R_M)$ qui caractérisent quantitativement l'influence des perturbations EEDF sur les paramètres mesurés de la sonde peuvent être considérées avec les dépendances $R_{M1}(r)$ montrées à la Fig. 62 pour exclure la variable R_M et obtenir des fonctions de correction $(X2/X1)(r)$ pour différents paramètres du plasma qui déterminent les reformations des résultats de mesure initiaux pour la sonde-1 dans les distributions corrigées des paramètres du plasma.

Cette opération peut être effectuée facilement en utilisant les expressions analytiques d'approximation des lignes droites de la Fig. 65 :

$$(T_{e2}/T_{e1})(R_M)=0.3919R_M + 0.659 \quad (9)$$

$$(n_{e2}/n_{e1})(R_M)=0.7838R_M + 0.3181 \quad (10)$$

$$(V_{s2}/V_{s1})(R_M)=1.0811R_M + 0.0594 \quad (11)$$

$$(j_{es2}/j_{es1})(R_M)=1.5405R_M - 0.3402 \quad (12)$$

Pour corriger les résultats des mesures de certains paramètres définis, nous devons insérer le groupe d'expressions (5)^(8) dans l'une des formules de (9) à

(12) pour différents paramètres du plasma et niveaux de *P-m* qui peuvent donner quatre dépendances correctrices (*x2/xi*)(*r*) pour les paramètres du plasma présentés ci-dessus. À titre d'exemple, le groupe d'expressions correctrices pour la température des électrons T_e ressemble à ce qui suit :

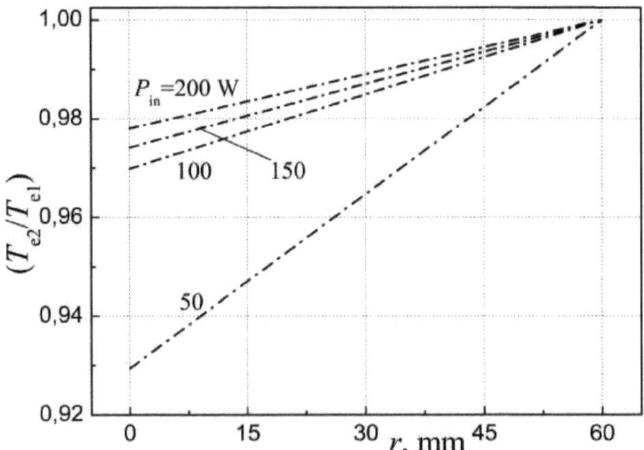

Fig. 66 Distributions radiales des rapports de correction de T_e pour *Pm=100+200* W

Des résultats similaires ont été obtenus pour n_e, *Vs,* et *jes* qui sont présentés dans les Figs. 67^69.

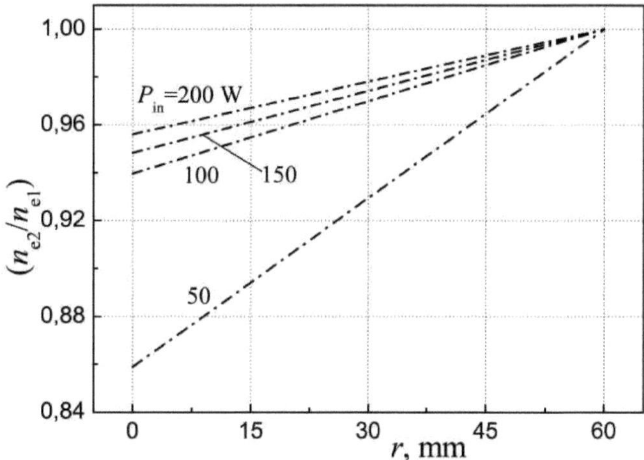

Fig. 67 Distributions radiales des ratios de correction des *ne pour* Pin=100+200 W

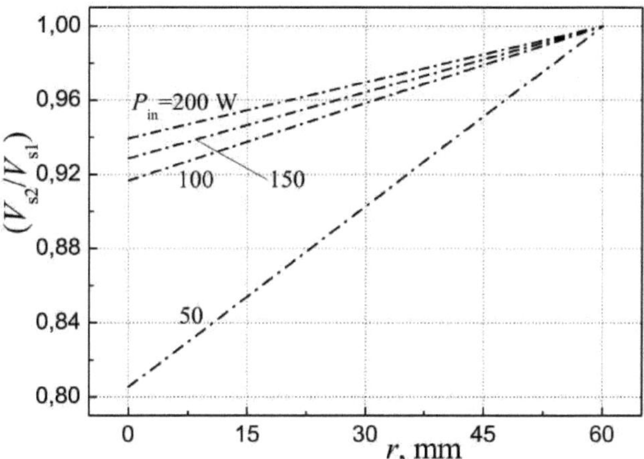

Fig. 68 Distributions radiales des rapports de correction *Vs* pour Pin=100^200 W

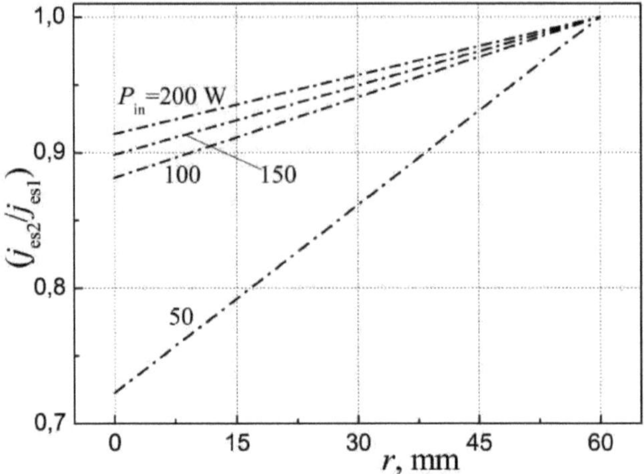

Fig. 69 Distributions radiales des rapports de correction *jes* pour *Pin=100^200*

Ensuite, tous les points de mesure des Figs. 41 à 44 pour Pin=5(H200 W ont été divisés par les rapports correspondants *(X2/X1)* des Figs. 66 à 69, ce qui a permis d'obtenir des distributions radiales corrigées de tous les paramètres du plasma mesurés par la sonde pour la section centrale de l'espace de décharge gazeuse du RIT-10F, qui sont présentées dans les Figs. 70 à 73.

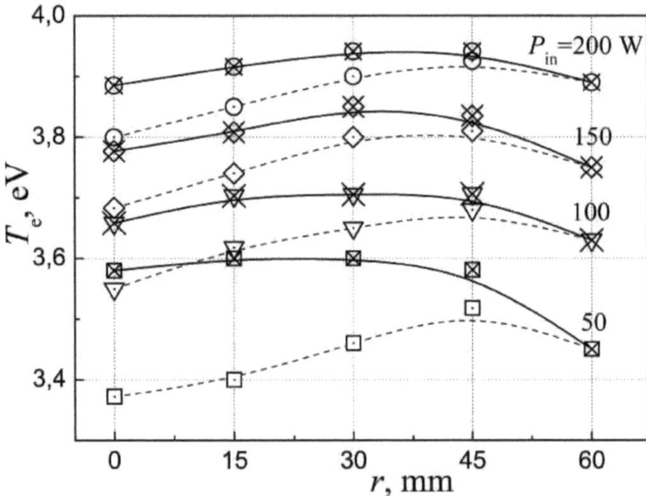

Fig. 70 Distributions radiales corrigées des températures des électrons du plasma *Te* (lignes pleines) en comparaison avec les
résultats de mesure déformés (lignes pointillées).

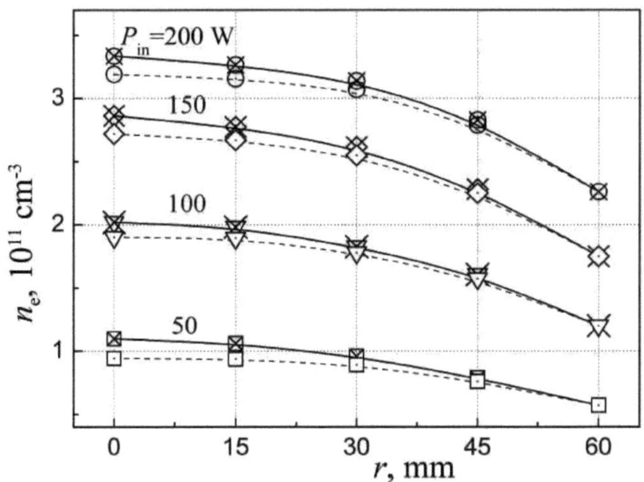

Fig. 71 Distributions radiales corrigées des concentrations d'électrons n_e (lignes pleines) en comparaison avec les résultats de mesure déformés (lignes pointillées)

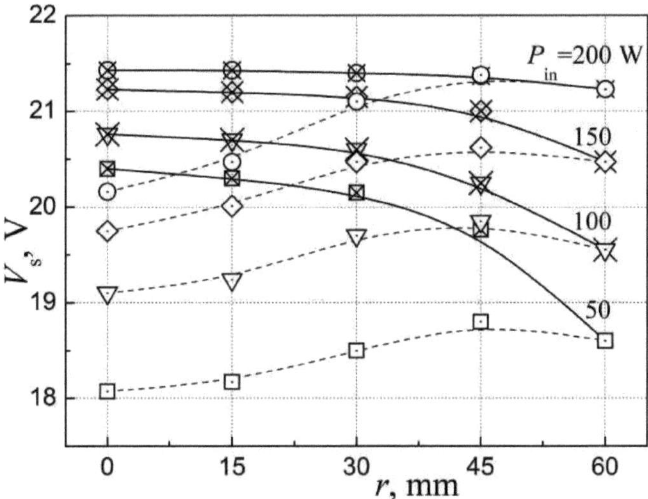

Fig. 72 Distributions radiales corrigées des potentiels spatiaux du plasma Vs (lignes pleines) en comparaison avec les résultats de mesure déformés (lignes pointillées)

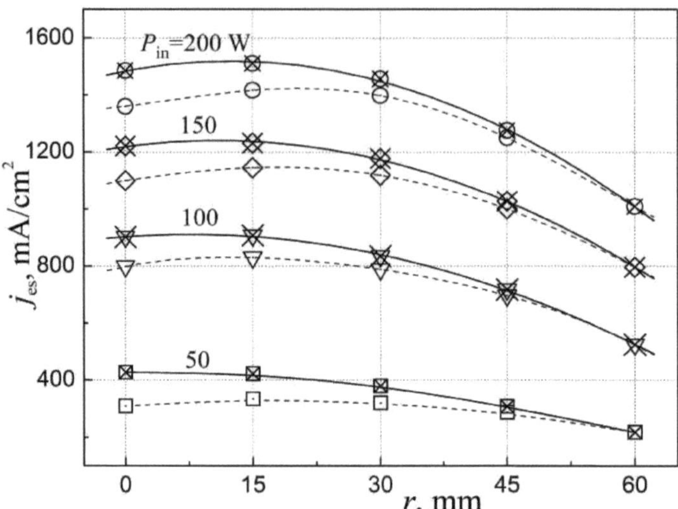

Fig. 73 Distributions radiales corrigées des densités de courant de saturation des électrons *jes* (lignes pleines) en comparaison avec les résultats de mesure déformés (lignes pointillées)

Notez que les distorsions EEDF et les erreurs de mesure causées par le bouclier protecteur de la sonde-2 ont été présentées ici au point spécial $r = 60$ mm pour déterminer les erreurs de mesure de la sonde-1. En principe, nous pourrions trouver de telles erreurs pour les deux sondes, car dans le présent travail, la sonde-2 avait la possibilité de déterminer les distributions radiales des paramètres du plasma dans la même section transversale que la sonde-1. Mais les mesures effectuées par la sonde-1 ont été réalisées avec plus de précision car il s'agissait de nos actions de diagnostic initiales répétées plusieurs fois aux mêmes endroits. Elles ont ensuite été publiées dans des ouvrages [12, 13] et ont été utilisées pour déterminer les possibilités d'expansion des mesures de la sonde [16, 17].

Les résultats du présent travail ne peuvent pas être considérés comme une élimination totale des erreurs de mesure causées par le bouclier protecteur nu de la sonde principale-1 car, au point spécial, sa sonde de référence est restée en contact avec le plasma, ce qui pourrait générer des distorsions du plasma similaires à celles du bouclier protecteur de la sonde nue. C'est pourquoi *RM* 0,87 au point spécial $r = 60$ mm pourrait être légèrement augmenté en l'absence de cet élément de la sonde, ce qui pourrait se traduire par une distorsion moindre de l'EEDF et par une légère augmentation des valeurs des paramètres corrigés. Mais ce n'était pas possible car la sonde de référence était responsable du diagnostic objectif de la sonde, ce qui a toujours été une caractéristique expérimentale très importante.

En outre, les dépendances universelles de la figure 65 sont basées sur les interactions plasma-bouclier de la sonde 2, dont la pièce de 17 mm était positionnée dans la même section transversale moyenne de l'espace plasma et influençait très activement ses lectures. Mais le reste de son bouclier plutôt long était situé dans un flux de plasma en aval avec différentes formes de distribution du potentiel du plasma. Il serait donc préférable de positionner toutes les parties de la sonde supplémentaire-2 dans la même section transversale que la sonde principale-1 pour déterminer des fonctions universelles similaires à celles de la figure 65. Cette possibilité peut être réalisée dans les expériences futures en positionnant la sonde 2 dans la section transversale commune avec la sonde 1, comme dans l'exemple de la figure 74.

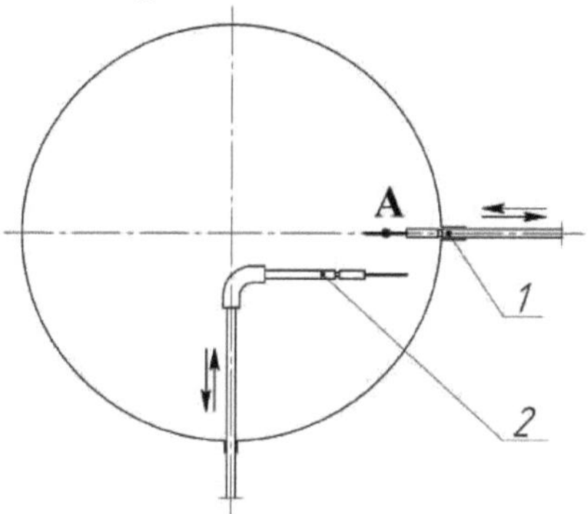

Fig. 74 Montage possible des deux sondes dans une section commune 1- sonde principale droite-1, 2- sonde supplémentaire en L-2

Mais dans la présente expérience, la sonde-2 en forme de L a été positionnée le long de l'axe de la décharge de gaz, ce qui était nécessaire pour le développement du propulseur ionique.

II.3.3 Nature physique des distorsions du plasma divulguées

L'identification des relations linéaires entre les distorsions EEDF et la longueur de l'écran nu de la sonde droite a indiqué que cet effet peut être lié à une physique particulière des interactions plasma-écran. Pour comprendre leur nature physique, nous nous sommes tournés vers les travaux précédents des auteurs [18-29] sur le comportement des corps conducteurs à grande échelle en contact avec les plasmas. Certains de ces travaux [18-27] ont montré que de tels corps, représentés par des tranches de silicium, étaient exposés à un phénomène de double-sonde court-circuitée, selon le bon sens physique des auteurs. La justesse de cette idée a été prouvée par l'organisation réussie des traitements des plaquettes de silicium dans les plasmas RF contenant de l'oxygène. La confirmation expérimentale directe de ce phénomène a été présentée dans un rapport [27] qui en a démontré l'essence physique et a montré le classique VAC à double sonde pour un corps métallique composé de deux parties reliées par un ampèremètre et une source de tension continue variable.

Deux autres travaux [28, 29] ont été consacrés aux mesures de sondes dans les plasmas RF en utilisant des boucliers de protection en métal nu sous potentiel flottant. Ils ont montré qualitativement que le phénomène de double sonde court-circuitée dans de tels boucliers de sonde pouvait réduire l'équilibre plasma-ionisation, diminuant ainsi les paramètres du plasma ainsi que la perte de puissance électrique dans le bouclier. Il était donc intéressant de comparer la nature physique des interactions plasma-bouclier pour les boucliers sous potentiel flottant [28, 29] et pour ceux sous potentiel de terre utilisés dans le présent travail.

Nous avons analysé ces interactions à l'aide de la distribution radiale du potentiel de flottaison du plasma, *Vf(r),* mesurée expérimentalement et présentée comme le graphique 1 de la figure 75.

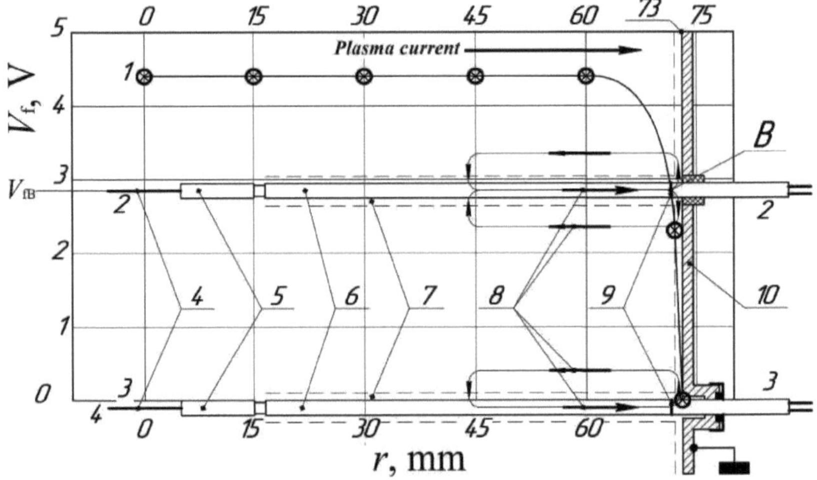

Fig. 75 Distribution radiale *Jfr*) dans un plasma de xénon interagissant avec deux versions des boucliers de la sonde nue.

1- distribution radiale mesurée du potentiel flottant du plasma *Vfr),* 2- sonde cylindrique droite avec écran de protection sous potentiel flottant, 3- sonde cylindrique droite avec écran de protection mis à la terre, 4- pointes de sondes de mesure, 5-sondes de référence , 6- écrans de protection des sondes, 7- gaines de charge d'espace à côté des écrans de

sondes et de la paroi du GDC. 8- Courants de sondes doubles court-circuitées, *ISC*. 9- Lignes d'état d'équilibre divisant les surfaces collectrices des boucliers de sondes nues. 10- Paroi du GDC mise à la terre.
B- Point d'intersection de l'axe *Vf*(*r*)-sonde.

Les cinq points sur ce graphique pour *r* = 0-60 mm représentent les résultats des mesures de la sonde droite : *Vf* = 4,39 V = Const. pour tous les niveaux de Pin. Le point *Vf* = 2,35 V, à la limite de la gaine de la paroi, a été déterminé à l'aide du simulateur de sonde murale plane et est resté constant pour la même plage *P-m* [30], tandis que *Vf* = 0 correspond à *r* = 73 mm, la surface interne de la paroi de la chambre à vide mise à la terre.

La sonde cylindrique droite 2 représentée sur la figure 75 comprend une pointe de sonde 4, une sonde de référence 5 et un écran de protection nu 6, qui est isolé de la paroi du GDC pour fonctionner sous un potentiel flottant. Des travaux antérieurs [18-29] ont considéré des corps conducteurs similaires, notamment des tranches de silicium et des corps métalliques à grande échelle immergés dans un plasma. Les résultats expérimentaux [27] ont montré que, dans cette situation, les grands corps conducteurs fonctionnaient comme des doubles sondes asymétriques court-circuitées. Cela signifie que le potentiel flottant *VfB* (Fig. 75), qui présentait une variation de potentiel longitudinale négligeable dans le bouclier métallique en raison de sa haute conductivité, était établi de manière autonome et constante à un niveau déterminé par l'intersection de l'axe du bouclier avec la courbe 1 au point B. Ce point appartient à la ligne 9, qui divise la surface collectrice du bouclier en deux parties inégales. Selon la figure 75, la partie longue et gauche du bouclier (plus négative que le plasma) a recueilli des ions chargés positivement, tandis que sa partie courte et droite (plus positive que le plasma) a recueilli des électrons négatifs, formant un courant de court-circuit *ISC,* qui a circulé le long du chemin fermé 8 dans le bouclier métallique et dans le plasma. La surface collectrice de cette "double-sonde" auto-établie est proportionnelle aux différentes mobilités des ions et des électrons, ce qui rend cette "sonde" asymétrique. Les travaux antérieurs des auteurs [18-29] ont montré que, si un tel corps métallique de grande dimension était orienté le long des courants de plasma ou de décharge, la branche plasma 8 du courant Isc s'écoulerait contre ce courant, le réduisant ainsi, diminuant l'équilibre plasma-ionisation autour de ce corps, et abaissant tous les paramètres du plasma. En plus de cet effet, le flux *ISC* dans le bouclier le chaufferait, augmentant la perte de puissance électrique. Ces particularités représentent la nature physique des distorsions du plasma causées par des corps conducteurs à grande échelle sous potentiel flottant en contact avec des plasmas.

Sur la figure 75, on voit que la sonde cylindrique droite 3 comprend le blindage de sonde nu sous potentiel de masse constant qui a été utilisé dans le présent travail. Il est évident que la variation longitudinale du potentiel du plasma au contact de ce corps métallique sous potentiel nul permet aux ions chargés positivement d'être collectés par l'écran de la sonde, qui est plus négatif que le plasma. Dans la présente expérience, le phénomène susmentionné a été réalisé de manière un peu différente. Comme pour la version précédente de la sonde, la longue surface gauche du blindage a collecté les ions chargés positivement qui entraient dans le blindage et a entraîné les électrons chargés négativement vers l'extrémité opposée. Par conséquent, une diminution de la tension à travers la gaine de charge spatiale qui se trouvait à côté de la terminaison du blindage dans le mur dirigeait les électrons vers la partie droite du blindage de la sonde. En raison de la mobilité élevée des électrons, cette partie du blindage était plutôt petite. Par conséquent, la ligne de séparation 9 de la surface collectrice de cette macro-sonde a été fixée de manière autoconsistante pour former un courant *ISC* de double sonde court-circuitée. Ce courant résulte de la déformation de la gaine de charge spatiale autour de la partie courte et droite de la sonde 3, et il a également provoqué des perturbations du plasma analogues à celles décrites ci-dessus.

II.4 Nouvelles applications des sondes de Langmuir

II.4.1 Réduction de l'influence des écrans de protection des sondes nues sur les résultats de mesure

Les diagnostics précis de la sonde qui ont été réalisés à l'aide de la station de sonde avancée VGPS-12 ont stimulé la recherche de nouvelles applications des diagnostics de la sonde de Langmuir. Il semble évident que les erreurs de mesure présentées dans la section II.3.2 auraient pu être évitées si les écrans des sondes avaient été recouverts de revêtements diélectriques éliminant les distorsions du plasma. Mais lorsque les écrans des sondes restent nus pour différentes raisons, l'expérience actuelle doit être répétée par une sonde supplémentaire (2) au point spécial de longueur nulle de la sonde principale (1) pour affiner les données de son diagnostic du plasma. Cette action a représenté une méthode de correction des résultats de diagnostic de la sonde en utilisant des outils avec des boucliers de protection nus en contact avec des plasmas qui consiste en 6 étapes suivantes.

a) Deux sondes doivent être utilisées. La sonde principale-1 doit être déplacée dans l'espace de décharge des gaz, en faisant varier la longueur de son écran dans la gamme lh = 0-lsh1m (jusqu'à la longueur maximale de l'écran). La sonde supplémentaire 2 doit avoir la possibilité de répéter les mesures de la sonde

1 au point spécial $lsh1 = 0$ avec $lsh2 \wedge 0$, $lsh2 >$ lsh1m. Il est préférable de positionner les deux sondes dans une section commune de l'espace plasma.

b) Sur la base des résultats de mesure de la sonde, les distributions spatiales des déviations de l'EEDF par rapport à la fonction de Maxwell devraient être déterminées sous la forme de rapports $(/esj*esM) = R_M$, en utilisant les valeurs mesurées de jes et celles calculées avec la formule $jesM = (1/4)ene(8eTe/nne)^{1/2}$. Pour la sonde-1, son paramètre R_{M1m} maximal pour $lsh1 = 0$ devrait représenter une seule valeur R_M supérieure pour la plupart des niveaux de la puissance de décharge des gaz Pd.

c) Les rapports des paramètres mesurés de la sonde $(x2/x1)$ pour $x = T_e$, n_e, Vs et jes et pour divers Pd doivent être déterminés en fonction de R_{M2} au point spécial $lsh1 = 0$.

d) Les combinaisons de dépendances $(x2/x1)(R_{M2})$ avec le point $[(x2/x1)=1, R_{M1m}]$ doivent faire l'objet d'une approximation linéaire donnant lieu aux fonctions physiques générales $(X2/X1)(R_M)$.

e) Les dépendances $(X2/X1)(R_M)$ et $R_M(F)$ doivent être réunies pour éliminer la variable intermédiaire R_M et obtenir des fonctions de correction $(x2/x1)(r)$ [dans la forme analytique, les fonctions $R_M(r)$ doivent être insérées dans les dépendances $(x2/x1)(R_M)$ nécessaires].

f) Les données de mesure initiales de la sonde-1 $x1(r)$ doivent être divisées par les rapports $(x2/x1)(r)$ correspondants, ce qui donne les dépendances corrigées $x1Corr(r)$.

De telles corrections sont possibles pour les données de mesure obtenues par les deux sondes si la sonde supplémentaire-2 avait une forme L et mesurait des distributions de paramètres de plasma similaires à celles de la sonde-1. Mais dans le présent travail, les distorsions EEDF et les erreurs de mesure causées par la sonde supplémentaire 2 ont été analysées et traitées ici uniquement au point spécial $r = 60$ mm pour enregistrer les erreurs de mesure de la sonde 1, car ses mesures ont été effectuées avec beaucoup plus de précision pour les publications dans [12, 13] et pour la proposition décrite ci-dessous de possibilités d'expansion des mesures de la sonde [16, 17] basée sur ses données.

Les mesures de la sonde décrites dans le présent travail représentent des propriétés objectives du plasma qui éliminent la majeure partie de l'influence négative des boucliers de protection nus de la sonde contenant quelques petites erreurs causées par les sondes de référence au point spécial ($Zshi = 0$, $r = 60$ mm) qui peuvent initier quelques distorsions assez faibles du plasma.

À notre connaissance, cette méthode représente une nouvelle décision technique qui a fait l'objet d'une demande de brevet [31].

II.4.2 Détermination des épaisseurs de gaine de la sonde cylindrique et de la masse moyenne des ions

Dans les plasmas isotropes sans collision avec l'EEDF maxwelien, trois relations physiques sont valables : l'effet Bohm, la loi de Boltzmann pour le flux d'électrons dans un champ de potentiel électrique retardateur et la loi de la " puissance 3/2 " sous la forme de l'équation de Child-Langmuir-Boguslavsky (CLB). Dans ce cas, il semble possible de déterminer deux paramètres physiques intéressants : la masse d'ions M_i et l'épaisseur de la gaine de la sonde. Dans les travaux [16, 17], cette tâche, brièvement mentionnée ci-dessus, a été résolue pour des sondes cylindriques utilisées pour effectuer des mesures précises des paramètres du plasma de xénon dans la pleine gamme de puissance RFG P_{in} = 5CИ200 W en utilisant les paramètres initiaux du plasma de xénon obtenus par des sondes ayant des écrans de protection nus [12, 13].

Le critère EEDF a été examiné dans la section précédente, montrant que dans l'installation expérimentale actuelle, au point spécial (z = 33 mm, r = 60 mm), l'EEDF du plasma correspondait à la fonction de Maxwell avec une assez bonne précision technique (~ 13%). En utilisant les paramètres de plasma T_e, n_e et j_{es} corrigés ci-dessus, nous devons vérifier la correspondance de tout l'espace de décharge gazeuse avec la fonction de Maxwell. À cette fin, les distributions radiales $R_{M1}(r)$ = $j_{es}//_{esM1})(r)$ pour la sonde-1 ont été calculées en utilisant les données corrigées des figures 71, 72 et 73 et la formule (4) pour P_{in} = 5CU200 W. Les résultats de cette action sont présentés à la figure 76.

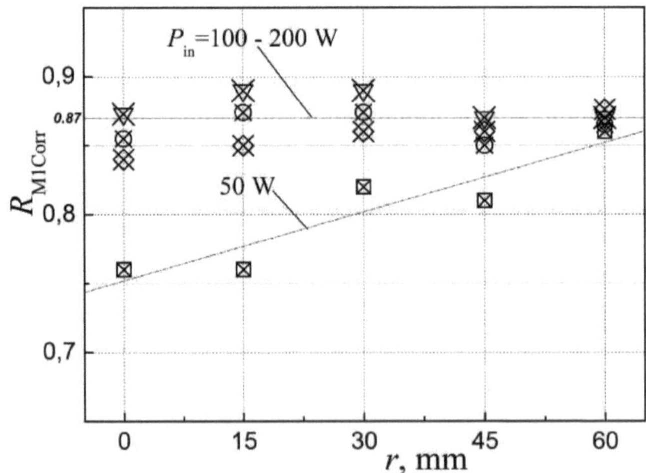

Fig. 76 Distributions radiales corrigées de ^*Micorr* pour la sonde droite-1 à P_{in} = 50-200 W.

On peut voir que les paramètres corrigés du plasma pour P_{in} = 100^200 W ont fait monter le paramètre A_{M1Corr} au niveau A_{M1} - 0,87, ce qui prouve qu'à ces paramètres de décharge, l'EEDF dans tout le volume du plasma de xénon non perturbé était plutôt proche de la fonction de Maxwell. Quant à P_{in} = 50 W, pour lequel le plasma de décharge n'a adsorbé qu'environ 38 W de puissance RF, son EEDF pour la zone centrale de l'espace de décharge gazeuse s'est écartée de la substance maxwellienne de plus de 20 %. Ce fait signifie que notre intention d'étendre les possibilités de diagnostic par sonde pour les plasmas maxwelliens devrait se limiter à notre plasma de xénon à P_{in} non inférieur à 100 W. Notez que selon l'influence susmentionnée de la sonde de référence au point spécial, les écarts réels de l'EEDF par rapport à la fonction de Maxwell pourraient être un peu moins importants.

Pour évaluer le caractère des interactions électron-sonde, il est nécessaire de déterminer le libre parcours moyen des électrons dans le plasma de xénon de l'installation expérimentale actuelle à atp = 2 mTorr. Pour cette tâche, nous devons utiliser la formule $Ae=1/naQea^{(-1,V)}$ où n_a est la concentration atomique et $Qea^{(1,1)}$ est la section transversale de diffusion électron-atome intégrée avec l'EEDF maxwellien. Selon les diagnostics intégraux décrits ci-dessus, le degré d'ionisation du plasma de xénon n'est pas supérieur à 1 % (voir la discussion des figures 24 et 25). La concentration atomique peut donc être déterminée à l'aide de l'équation de l'état de gaz idéal n_a - p /kTa (où k est la constante de Boltzmann et T_a la température atomique). Selon [32], la température des atomes dans le présent dispositif devrait être proche de T_a~500 K pour une puissance RF absorbée par le plasma Pp~100^150 W. Ce résultat a permis de déterminer la concentration atomique moyenne comme n_a~4-1013 cm-3 pour notre pression p = 2-10-3 Torr. La section de diffusion électron-atome correspondait à la température moyenne des électrons T_e - 3.7 eV " 43000 K (figure 41), ce qui a donné

$Qea^{(1,1)}$ -33-10'16 cm2 obtenue par extrapolation des données théoriques [7]. Ensuite, le libre parcours moyen des électrons a été trouvé à A ~ 8 cm, ce qui dépasse toutes les dimensions de la sonde et caractérise les interactions électron-sonde comme des processus sans collision.

La pression de plasma p = 2 mTorr mentionnée ci-dessus a été créée par un débit de xénon $q=2$ sccm qui, dans la chambre de 146 mm ID, a fourni une vitesse moyenne d'écoulement du gaz d'environ v~102 cm/s. Selon la théorie cinétique des gaz pour le plasma à $T_{a,i}$~500 K, comme il a été mentionné ci-dessus, la vitesse thermique aléatoire a atteint $v_{a,i}$~3-104 cm/s qui a dépassé la vitesse d'écoulement du gaz de plus de 2 ordres de grandeur. Cela signifie que notre plasma était assez isotrope. C'est pourquoi les trois relations physiques, l'effet Bohm, la loi de Boltzmann et la loi de la "puissance 3/2", peuvent être utilisées pour analyser les propriétés du plasma dans la présente unité de décharge à gaz.

Selon l'effet Bohm [33], entre la gaine de charge de l'espace de la sonde et le plasma non perturbé, il se forme une couche de transition quasi-neutre où les ions sont accélérés vers une sonde atteignant des vitesses v_e=$(2eTe/M)^{1/2}$ (ici M_i est la masse de l'ion et T_e est en V) à la limite de la gaine de la sonde. Ils arrivent à cette surface avec une densité de courant ionique qui, dans le cas d'une sonde cylindrique sous potentiel flottant, peut s'écrire de la façon suivante

$$7ifsh=0.4e\ ''_e(2eTe/M1)^{1/2} \qquad (17)$$

où 0,4=CBcyi est le coefficient de Bohm pour une sonde cylindrique [33]. Ces sondes sont très populaires parmi les expérimentateurs en raison de leur simplicité de conception. C'est pourquoi le présent travail est consacré à ces sondes. Il semble évident que dans le cas de la validité de l'effet Bohm, la relation fonctionnelle de *jifsh* avec la masse ionique M_i contient la principale possibilité d'analyse de la masse ionique du composant ionique du plasma.

La densité de courant ionique à la surface collectrice d'une sonde sous potentiel flottant *jif* peut être trouvée par la densité de courant de saturation des électrons *jes* en utilisant la loi de Boltzmann $n_{ef}=n_{e0}$^xp*(-AVf/Te)* où n_{ef} est la concentration d'électrons sur la surface collectrice d'une sonde sous potentiel flottant, n_{e0} est la concentration d'électrons à la surface collectrice externe de la gaine de la sonde, la chute de tension sur la gaine d'une sonde sous potentiel flottant *AVf=Vs-Vf* et T_e sont exprimés en Volts. La sonde sous potentiel flottant recueille alors la densité de courant ionique suivante alors que le courant du circuit de la sonde est égal à zéro

$$jif=jef=jes\text{-}\ \exp(-A\ Vf/\ Te) \qquad (18)$$

Ce paramètre de mesure qui peut être facilement déterminé à partir de cette formule peut être utilisé dans la forme suivante de la formule de Bohm (17) où le rapport des surfaces collectrices d'une sonde et de la surface externe de la gaine de la sonde s'écrit comme le rapport du rayon *a* de la sonde et du rayon *R* de la gaine de la sonde :

$$jif(a/R)=7ifsh\text{-}CBCyiene(2eTe/M)^{1/2} \qquad (19)$$

Notez que la différence *R-a* entre ces rayons détermine l'épaisseur de la gaine de la sonde *8=R-a* qui peut être utilisée pour contrôler l'exactitude des théories de la sonde pour l'interprétation des mesures de la sonde. En désignant *R/a-x* et en nommant *xCBCyl - KBCyl* comme un coefficient de Bohm combiné, nous obtenons la version de la formule de Bohm contenant la densité de courant ionique mesurée *jif :*

$$jlf\text{-}xCBCyl\grave{e}ne(2eTe/M1')^{1/2\text{-}KBCyl\grave{e}ne}(2eTe/Mi')^{1/2} \quad (20)$$

Cette expression contient trois variables inconnues : le rapport des rayons *x - R/a, le* coefficient de Bohm *CBCyl* à confirmer expérimentalement, et la masse ionique $_{Mi}$ pour le plasma avec les paramètres $_{Te}$, $_{ne}$ et *jif* mesurés précédemment.

Pour trouver ces trois variables inconnues, deux autres équations indépendantes sont nécessaires. Mais à côté de la formule de Bohm, ces variables sont liées à une seule autre équation - la loi de la "puissance 3/2" qui, sous la forme de l'équation CLB pour une sonde cylindrique sous potentiel flottant, peut être écrite de la manière suivante [34] :

$$jif\text{-}(4£0/9)(_{2e/M1})^{1/2}(_{JDf3/2/a2XCLB\wedge L}) \quad (21)$$

où *£0* - 8.8542-10-12 F/m est la permittivité diélectrique du vide et $_{AL}$ est le paramètre de Langmuir sans dimension dépendant de *x* - *R/a* [34]. Il semble évident que les systèmes à deux équations (20) et (21) à trois variables ne peuvent pas être résolus de manière unique et valable.

La proposition du présent travail, initialement publiée dans [16], est d'organiser la solution de cette tâche en deux étapes où chaque mode du système à deux équations (20) et (21) doit contenir deux variables qui peuvent être trouvées sans difficultés.

Dans un premier temps, une expérience spéciale doit être réalisée en utilisant un gaz de formation de plasma de haute pureté dans une chambre à vide sans huile, c'est-à-dire avec la masse ionique connue $_{Mi}$. Ensuite, à partir de l'équation (20), les valeurs expérimentales du coefficient de Bohm combiné *KBCyl* peuvent être déterminées et la solution du système d'équations (20)-(21) peut aboutir à l'évaluation des épaisseurs de la gaine de la sonde *dCLB-RCLB-a-a*(*xCLB-1*) dans le cadre du modèle CLB de la gaine de la sonde. Cette opération est appelée ici évaluation car le modèle CLB de la gaine de la sonde implique une absence totale d'électrons dans la gaine. Mais dans la présente expérience, l'EEDF mesuré a atteint des énergies électroniques *£max* qui dépassent numériquement la limite énergétique de la gaine de la sonde *eAVf, de* sorte que les électrons ont pu y pénétrer. Nous montrerons ci-dessous comment corriger les paramètres du CLB pour se rapprocher de la réalité physique et les transformer en propriétés mesurées. La détermination des valeurs *x* expérimentales corrigées permettra de déterminer le coefficient de Bohm mesuré *CBCyl* en utilisant les coefficients de Bohm combinés expérimentaux *^BCyl-.*

Ensuite, le paramètre *CBCyl* confirmé expérimentalement permet de réaliser la deuxième étape de la solution de la présente tâche. En utilisant la valeur expérimentale du coefficient de Bohm *CBCyl*, le système d'équations (20)-(21) peut être résolu et après correction physique de *xCLB* en *x*, la valeur mesurée de la masse ionique Mi peut être obtenue à partir de la formule (20) :

$$Mi=2e3CBCyl2-(^{x2He2re/jif2}) \tag{22}$$

II.4.2.1 Format pratique de cette nouvelle possibilité

La solution de la tâche proposée peut commencer par la préparation des données de mesure pour l'expérience spéciale utilisant la sonde droite dans un plasma de xénon de haute pureté, 99,9999%. Pour déterminer la densité de courant ionique dans une sonde sous un potentiel flottant *jf* en utilisant l'équation (18), il est nécessaire de préparer les données sur la sonde

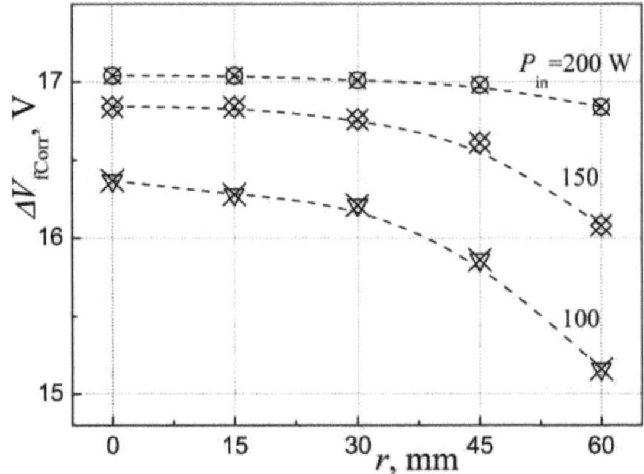

Fig. 77 Distributions radiales des chutes de tension corrigées sur les gaines d'une sonde sous potentiel flottant à différents niveaux de P_{in} = 100-200 W

Les valeurs corrigées des distributions de densité de courant de saturation des électrons *jes(r)* ont été tirées de la Fig. 73. Ensuite, les densités de courant ionique similaires *jif(r)* à une sonde sous potentiel flottant ont été calculées en utilisant l'équation de Boltzmann (18). Les résultats de ces calculs sont présentés à la Fig. 78.

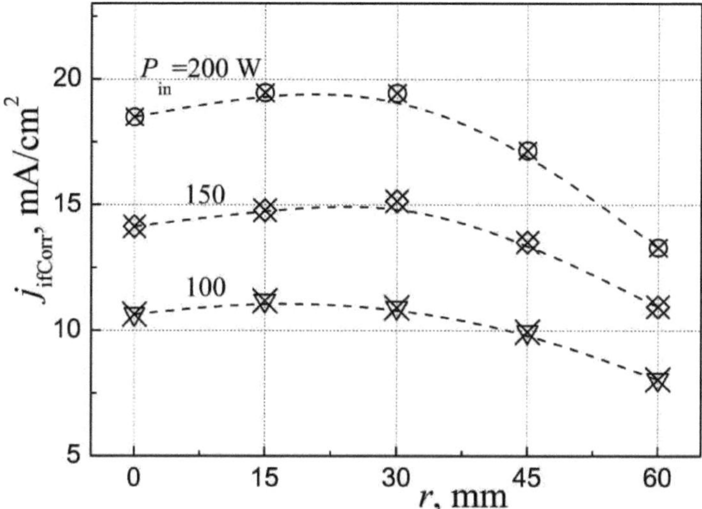

Fig. 78 Distributions radiales des densités de courant ionique corrigées vers une sonde sous potentiel flottant à différents niveaux de P_{in}.

L'équ. (20) a été utilisé pour calculer les valeurs expérimentales du coefficient de Bohm conjoint *XBCylCorr*. Les résultats de ces calculs sont présentés à la Fig. 79 où les points de *^BCylCorr* sont représentés par des cercles dans leur dépendance de la Pin.

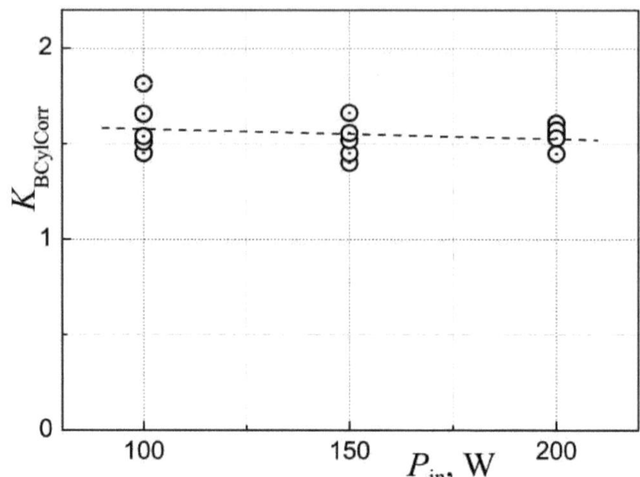

Fig. 79 Coefficient de Bohm conjoint KBcylCorr

Ces valeurs de ^BCyicorr ont été calculées en utilisant les paramètres corrigés du plasma tirés des figures 70, 71 et 77. Leur dépendance vis-à-vis de Pin a été approximée par la ligne droite en pointillés. L'étape suivante implique la détermination des rapports de rayons *x = RZa* liés à ces valeurs de *KBCyl.* La solution conjointe d'Equs (20) et (21) a donné l'expression de *xCLBAL*

$$x_{CLB}A_L=(4\varepsilon_0/9)\ \Delta V_f^{3/2}/K_{BCyl}a^2en_eT_e^{1/2}=2.4564\cdot10^7\Delta V_f^{3/2}/K_{BCyl}a^2n_eT_e^{1/2} \quad (23)$$

correspondant au modèle CLB de la gaine de la sonde :

La dépendance *xCLBAL=/(xCLB)* a été déterminée en utilisant les valeurs AL pour la sonde cylindrique tabulées dans [34] et en les approximant assez précieusement

$$x_{CLB}A_L = 0.5667x_{CLB}^3-0.5847x_{CLB}^2-0.5233x_{CLB}+0.537 \quad (24)$$

par l'équation cubique pour la gamme *XCLB*= 1,1+3,3 :

L'unification des expressions (23) et (24) donne l'équation suivante :

0.5667XCLB3-O.5847XCLB2-O.5233XCLB+0.537- 2.4564-107df2ZKBCylCorra4Te1Z2=0

(25)

Il a été résolu en utilisant les points expérimentaux de *KBCylCorr* tirés de la Fig. 79. Les résultats de ces calculs sont présentés à la Fig. 80 contenant les points d'évaluation corrigés *xcLBCorr* ainsi que les données expérimentales de *KBCylCorr* indiquées précédemment.

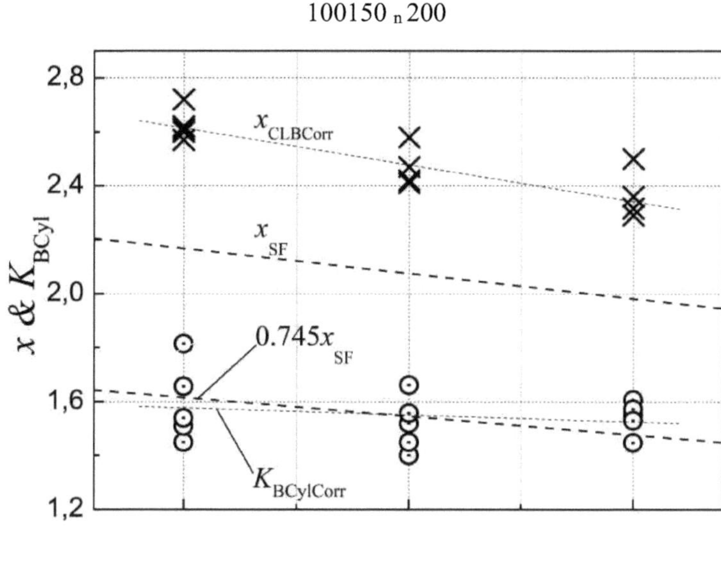

^in> W

Fig. 80 Rapports corrigés *XCLBCOIT*, coefficients de Bohm conjoints *^BCyieorr*, , et *xsFCorr* en fonction de *Pm*

Leur approximation linéaire désignée par le nom *xcLBCorr* correspond à la fonction

$$xcLBCorr = 2.9-0.0028Pin \tag{26}$$

Il faut noter que dans la présente expérience, les tensions de la gaine de la sonde n'ont pas dépassé 17 V, comme on peut le voir sur la Fig. 77, alors que selon la Fig. 40, la limite supérieure des énergies des électrons pouvait atteindre environ 25 eV, ce qui leur a permis de pénétrer dans la gaine de la sonde et de diminuer son épaisseur en compensant partiellement les champs ioniques.

Une situation similaire s'est produite dans [35] où les paramètres du plasma d'argon ont été étudiés à l'aide d'une sonde en épingle à cheveux pour laquelle la connaissance de l'épaisseur réelle de la gaine de la sonde était très importante. C'est pourquoi les auteurs de ce travail ont proposé des corrections des évaluations de $xCLB$ en utilisant le modèle de gaine de sonde dit "step-front" selon lequel certains électrons pourraient entrer dans la gaine de la sonde. Cette correction peut être effectuée en utilisant la dépendance $XSF=/(XCLB)$ tirée de [35] dans la plage $XCLB$ = 1,4-3,6, comme présenté à la Fig. 81.

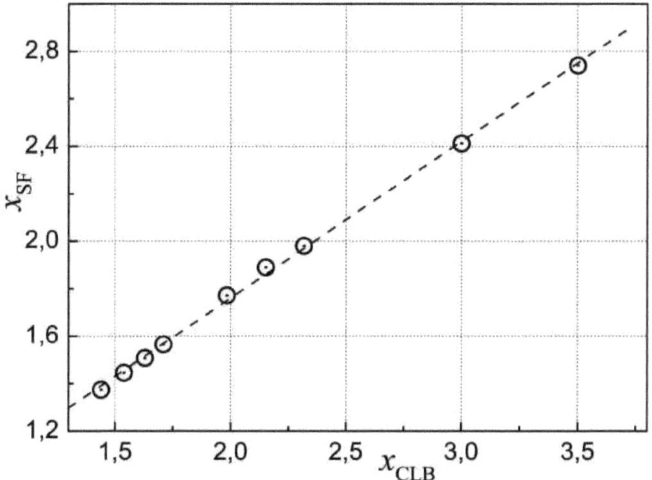

Fig. 81 Dépendance de *XSF* par rapport à *XCLB SELON LES* données de [35].

L'approximation linéaire de ces données correspond à la fonction

$$XSF=0{,}662\text{-V. №,'}0{,}433 \quad (27)$$

Comme on peut le voir sur la figure 81, cette expression fournit une certaine diminution de *XSF* par rapport à *XCLB*. LA correction de la dépendance d'évaluation présentée ci-dessus *xcLBCorr(^in)* a donné lieu à la ligne droite *xsF*(Pin) qui a été obtenue par l'exclusion de la variable intermédiaire *XCLB* en insérant l'expression (26) dans (27) :

$$XSF=2{,}353 - 0.001854\text{Pin} \quad (28)$$

Cette dépendance est présentée à la Fig. 80 par la ligne pointillée sous le nom de *XSF*. Cette ligne est positionnée sur la dépendance *^BCylCorr(^in)*. En rappelant que /< *BCA* = xCBcyl, il devient clair que le coefficient de Bohm CBcУ1 doit être inférieur à l'unité. Il représente une valeur universelle qui devrait abaisser la dépendance *xsF(Tm)* pour la superposer avec la fonction *^BCylCorr*(Pin). Dans la figure 80, il est montré par les lignes pointillées inférieures que cette opération est possible avec le coefficient de Bohm *CBCylCorr* = 0,745 [ici la ligne pointillée lourde représente la fonction 0,745xSF(*P* ; n) et la ligne fine est le résultat de l'approximation linéaire de la dépendance *^BCylCorr*(*Rin*) et elles semblent assez proches l'une de l'autre].

Pour vérifier cette valeur, les points expérimentaux *XBCylCorr* ont été

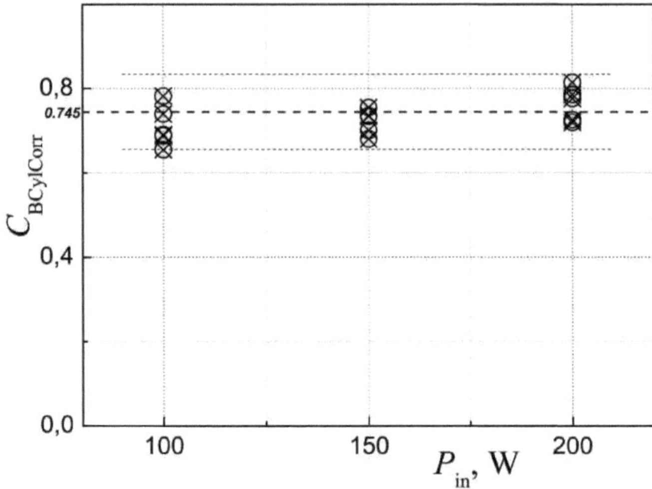

Fig. 82 Dépendance du coefficient de Bohm à la puissance

divisés par les significations correspondantes de la fonction (28). Le résultat de cette opération est présenté à la Fig. 82.

La ligne pointillée *CBCylCorr* = 0,745 = Const montre que cette valeur du coefficient de Bohm a été confirmée par les mesures de l'expérience spéciale avec une marge d'erreur d'environ ±12%.

Il faut noter que dans [17], un traitement similaire des données initiales (non corrigées) de l'expérience spéciale [12, 13] a abouti au coefficient de Bohm *CBCylCorr* = 1,23, presque deux fois plus élevé que le paramètre du présent travail, bien que les corrections des propriétés nécessaires du plasma n'aient pas été aussi importantes : $_{Te}$ - < 6%, ne - < 6%, et jes - < 12% (voir les figures 66, 67 et 69).

Après avoir affiné le coefficient de Bohm, nous pouvons enfin formuler la deuxième et la dernière étape de la méthode proposée ici pour mesurer l'épaisseur de la gaine de la sonde et la masse moyenne des ions dans le cadre d'une expérience générale :

1) Si l'EEDF du plasma ne s'écarte pas de plus de 15 % de la fonction maxwellienne, alors pour le coefficient de Bohm *CBCyl=0*,745 l'expression (23) peut être réécrite comme suit :

*XCLB2 Лъ=3.*2972- 107JEf3/2/a2neTe1/2 (29)

2) Les données tabulées [34] pour A_L déterminent la dépendance numérique

$$x_{CLB}^2 A_L=4.1652x_{CLB}^3 -14.784x_{CLB}^2+18.605x_{CLB} -8.114 \quad (30)$$

^CLB2AL=/(^CLB) D'UNE manière qui avec une bonne précision a été approchée par un polynôme cubique pour XCLB=1.1-3.2 :ombinaison de (29) et (30) a déterminé l'équation pour xCLB :

4.1652XCLB3 -14.784XCLB2+18.605XCLB -8.114-3.2972-107AG3/2/a4Te1/2=0

(31)

qui peuvent être résolus assez facilement à l'aide des "calculateurs en ligne" disponibles sur plusieurs sites web.

3) Lorsque AVf<£m- énergie maximale des électrons du plasma, les DONNÉES xclb évaluées doivent être corrigées à l'aide de la formule (27) pour déterminer xsf et calculer les épaisseurs réelles de la gaine de la sonde 3=RSF-a=a(xSF-1) qui peuvent être utilisées pour vérifier l'exactitude de la théorie pour l'interprétation des mesures de la sonde.

4) Le coefficient de Bohm corrigé CBCyiCorr=0,745 a également modifié la formule (22) pour la détermination de la masse ionique :

Pour un mélange de gaz propulseur, ce paramètre représente la masse ionique moyenne et pour un gaz unique de nature définie, il indique le degré de sa pureté ou le niveau de sa contamination par une fuite d'air dans une chambre à vide.

Cette méthode de diagnostic par sonde représente une nouvelle décision technique qui a déjà été protégée par un brevet [36].

II.4.3 Évaluation de la densité de courant ionique vers une électrode d'extraction d'ions d'un propulseur d'ions

Une autre possibilité de diagnostic par sonde à plasma est liée à l'évaluation de la densité du courant ionique vers une paroi sous potentiel flottant. La connaissance de ce courant vers une électrode d'extraction d'un propulseur/source d'ions est très importante pour les calculs corrects et le développement des cellules d'accélération IEG et pour la détermination des caractéristiques intégrales du dispositif ionique, comme le coût énergétique des ions ou l'efficacité de la consommation de propergol.

Selon une méthode standard bien connue [3, 34], cette étude pourrait être réalisée en utilisant une IEG proche de la réalité avec un ensemble de sondes à paroi plane fixées dans l'électrode d'extraction d'ions sans violation de sa résistance dynamique aux gaz pour laisser la pression du plasma du modèle RIT

$$M_i \approx 1.11 e^3 x_{SF}^2 n_e^2 T_e / j_{if}^2 \qquad (32)$$

inchangée. En cas de difficultés d'isolation des sondes, l'électrode extractrice IEG pourrait être remplacée par son imitateur diélectrique avec un ensemble de sondes à paroi plane et avec des perforations fournissant sa résistance dynamique aux gaz nécessaire. La préparation et l'actualisation d'une telle expérience nécessiteraient un temps et des ressources considérables.

Dans le présent travail, il est proposé de réaliser cette expérience sans utiliser d'électrode d'extraction d'ions ou son imitateur diélectrique. Au lieu d'eux, un morceau relativement petit de paroi diélectrique localisée en céramique avec une sonde de paroi plane a été utilisé sous la forme d'un dispositif mobile radialement. Ce simulateur de sonde à paroi plane peut fournir une influence stable de la paroi sur le plasma dans n'importe quelle position radiale, de sorte que les propriétés du plasma à cet endroit particulier peuvent être déterminées par la sonde de Langmuir plane entourée de la surface céramique.

Cette idée d'un simulateur de sonde murale plane mobile a été réalisée sous la forme d'un bout plat d'une tige en céramique comportant au moins deux canaux internes [30] dans lesquels sont insérés des fils métalliques. L'extrémité d'un fil servait de surface collectrice d'une sonde plane fixée au bout de la tige. En contact avec le plasma, une gaine de paroi en régime permanent devrait être formée à côté de cette surface, car la taille de la surface en céramique autour de la sonde plane était beaucoup plus grande que la surface collectrice de la sonde (d'environ 10 fois dans la présente expérience). Pour une uniformité azimutale de l'ambiance diélectrique de la sonde, il serait préférable de fixer une sonde plane à l'axe de la tige. Mais jusqu'à présent, une telle tige en céramique n'a pas pu être trouvée. Le deuxième fil a été sorti de la tige et replié pour être pressé avec une bande de feuille d'aluminium de 10 mm de largeur qui a servi de sonde de référence à connecter à la station de sonde VGPS-12 en même temps que la sonde de mesure.

Dans le présent travail, une tige en céramique de 5 mm de diamètre extérieur avec deux canaux de 1,5 mm de diamètre a été utilisée. Dans ces canaux, des fils de cuivre de même diamètre ont été insérés de manière étanche. L'un d'entre eux a été utilisé comme une sonde plane de 1,5 mm de diamètre à l'extrémité de la tige, tandis que l'autre a été relié à la sonde de référence sous la forme d'une pince en feuille d'aluminium. Une feuille similaire entourait le reste de la surface externe de la tige et servait d'écran de mise à la terre, fixé à côté de la sonde de référence avec un espace de 1,5 mm. Le dessin de ce simulateur de sonde à paroi plane est présenté à la Fig. 83.

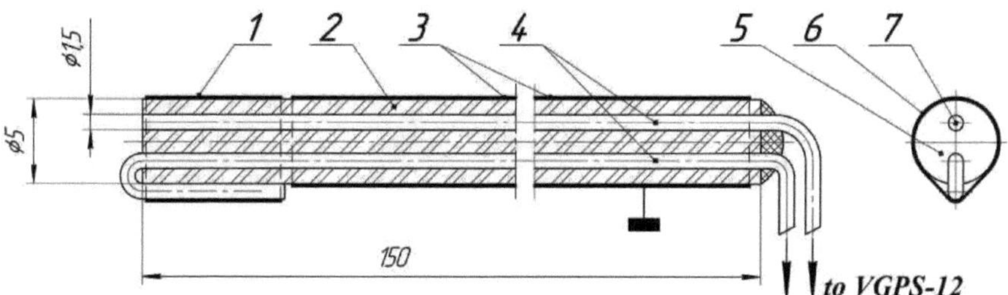

Fig. 83 Le dessin du simulateur de sonde de paroi plane.

On peut voir que la surface collectrice de la sonde plane était entourée de manière non uniforme par une surface en céramique. Cela signifie que l'emplacement de la sonde dans ce dispositif était décalé d'environ 1 mm par rapport au centre du bout de la tige, ce qui a perturbé l'uniformité azimutale de l'effet "mur" à côté de la sonde plane. Ce défaut pourra peut-être être évité dans les expériences futures.

L'exemple des résultats de mesure de la sonde plane pour une puissance RFG incidente *Pg=200* W à la position radiale moyenne *r=30* mm sous la forme d'un affichage VGPS-12 est présenté à la Fig. 84.

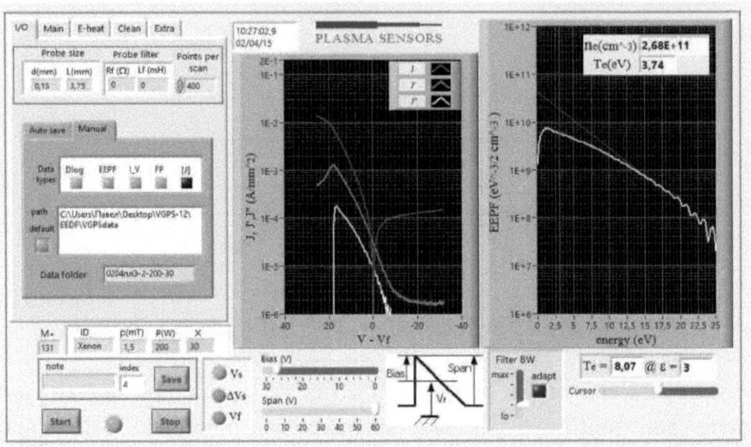

Fig. 84 Affichage VGPS-12 : simulateur de sonde murale plane ayant fonctionné à *r=30* mm, Pin=200 W.

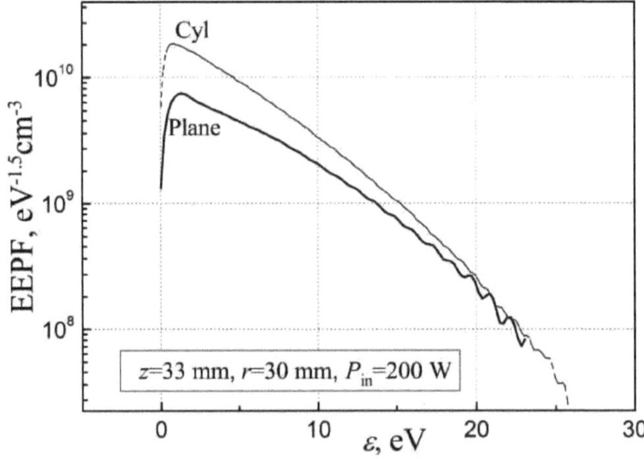

Fig. 85 EEPFs obtenus par le simulateur de sonde à paroi plane et par la sonde cylindrique à *z=33* mm, *r=30* mm, et Pin=200 W

La différence qualitative entre les deux fonctions peut être vue ici assez clairement. Elle prouve que dans l'espace de contournement, formé par la surface céramique autour de la sonde murale plane, l'EEPF est moins linéaire que dans le plasma non perturbé, considéré comme proche du gaz maxwellien [16, 17]. Par conséquent, cette considération qualitative montre que le plasma de la surface autour de la sonde murale ressemble à une substance non-maxwellienne. Cette conclusion est assez grave car la qualité de l'enregistrement EEPF dans la présente expérience est suffisamment élevée : l'écart *AVp* entre le point s=0 et le maximum EEPF obéit très certainement à l'inégalité *A Vp<T* qui est la preuve de la précision de la mesure EEPF [8]. En effet, pour la sonde cylindrique *AEp=0*,75 eV et pour la sonde plane *AVP~1,3* eV alors que *T~4* eV, la résistance du circuit de la sonde est bien inférieure à la résistance différentielle minimale de la sonde *Rpo=Te//es~100* Ohm (Te~4 eV, *Ies~0*,04 A) [8]. Cette situation est la conséquence de l'utilisation de la sonde de référence qui, outre l'élimination de la composante RF de la tension de la gaine de la sonde, exclut la chute de tension sur le circuit de la sonde entre la sonde et la station VGPS-12.

Selon notre proposition [12, 13], l'évaluation de l'EEPF peut être faite en comparant la densité expérimentale de courant de saturation des électrons *jes* avec la valeur théorique de ce paramètre, calculée à l'aide de la formule classique pour un plasma isotrope Maxwellien en utilisant les paramètres mesurés du plasma. En conséquence, dans le plasma de la paroi, le rapport *jes/jesM* n'atteint qu'environ 0,5, ce qui montre une déviation importante de l'EEPF réel par rapport à la fonction maxwellienne. Par conséquent, le plasma à côté de la surface du bout de la tige en céramique est une substance non-maxwellienne où la loi de Botzmann n'est pas valide.

L'influence de cette situation sur l'ensemble des paramètres du plasma mesurés dans les plasmas en dérivation et non perturbés est illustrée dans les Figs 86÷89.

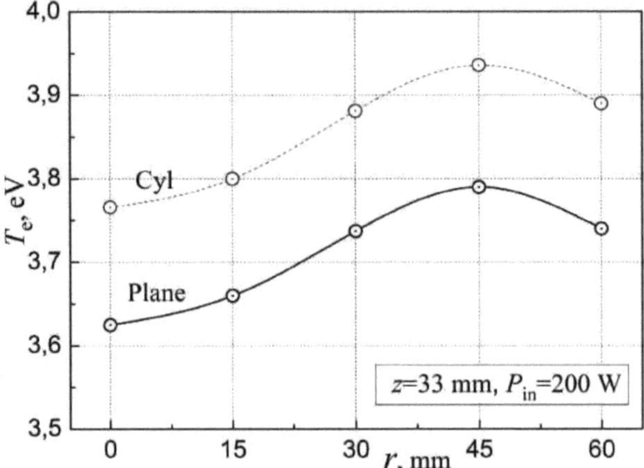

Fig. 86 Distributions radiales de Te pour deux types de sondes

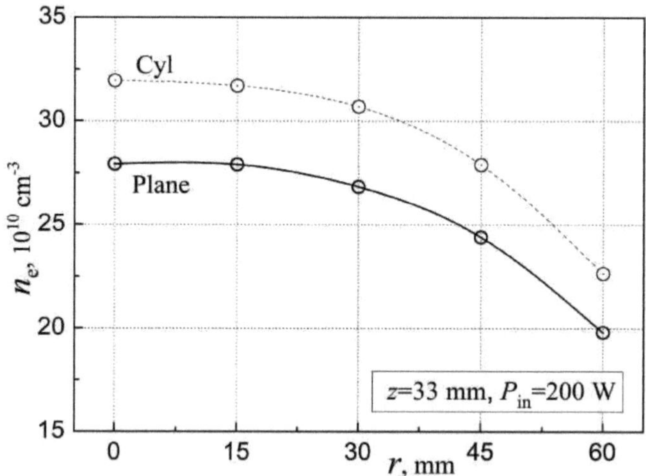

Fig. 87 Distributions radiales de *ne* pour deux types de sondes

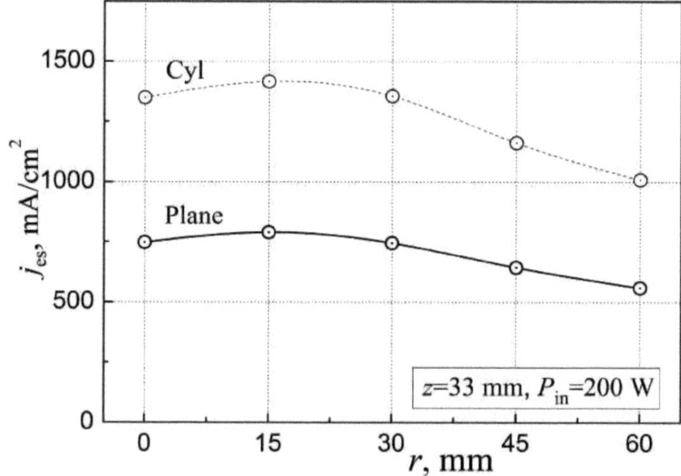

Fig. 88 Distributions radiales des jes pour deux types de sondes

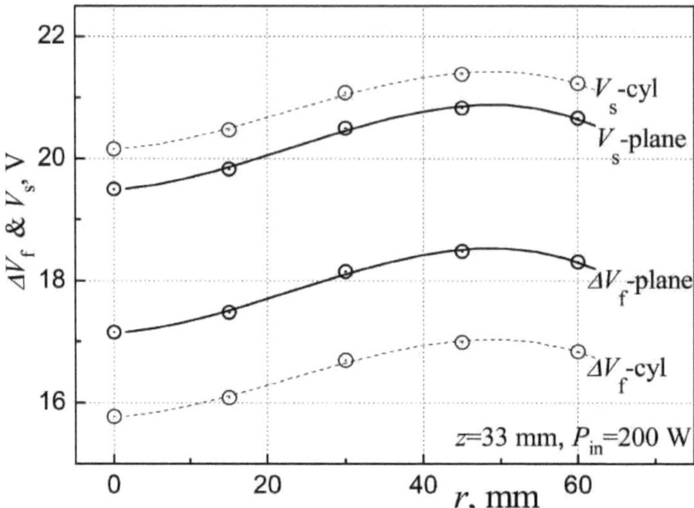

Fig. 89 Distributions radiales des potentiels de sonde *Vs* et *AVf* pour deux types de sondes

Dans ces figures, les lignes fines montrent les données obtenues par la sonde cylindrique à comparer avec les résultats des mesures de la sonde plane représentés par les lignes lourdes. En analysant ces dépendances, il faut garder à l'esprit que les potentiels flottants dans deux types de plasmas étaient différents : dans un plasma non perturbé, la sonde cylindrique a montré *VfCyl=4*,39 V = Const. et dans un plasma à paroi latérale à côté du simulateur de la sonde plane *VfPl=2*,35 V = Const.

L'examen de la transition de la zone de plasma non perturbé à l'espace de by-wall montre que les paramètres *Te, ne, jes* et *Vs* ont diminué, tandis que les différences de potentiel *AVf* ont augmenté car pour la sonde plane le potentiel flottant *VfPl* était environ deux fois inférieur à *VfCyl.* Ces faits reflètent les distorsions des paramètres du plasma dans l'espace de la paroi secondaire, dont le facteur principal est la recombinaison des particules chargées sur un simulateur de paroi dans le processus de leur diffusion ambipolaire depuis le plasma non perturbé vers le simulateur de paroi plane. Par conséquent, le plasma en dérivation s'est avéré être une substance non-maxwellienne où la loi de Bolzmann n'est pas valide et son utilisation pour l'évaluation de la densité de courant ionique sur une paroi sous un potentiel flottant devrait être incorrecte.

Pour cette raison, l'évaluation de la densité de courant ionique vers une paroi sous potentiel flottant, qui est l'objectif de cette section, n'est possible que par le biais de l'extrapolation des branches ioniques des sondes planes VAC à un potentiel de sonde flottant *V=VfPl.* Habituellement, les branches ioniques des sondes longues ont un aspect linéaire, ce qui détermine la forme de leur extrapolation à $V=Vf$. Dans l'ouvrage [37], une telle extrapolation était recommandée pour les VAC semi-logarithmiques et double-logarithmiques car cette forme d'extrapolation linéaire des branches ioniques des VAC avait une base théorique définie. Suivant cette recommandation, dans le présent travail, les branches ioniques des VAC semi-logarithmiques du simulateur de sonde murale, qui ont été montrées ci-dessus dans l'affichage de la station de sonde VGPS-12

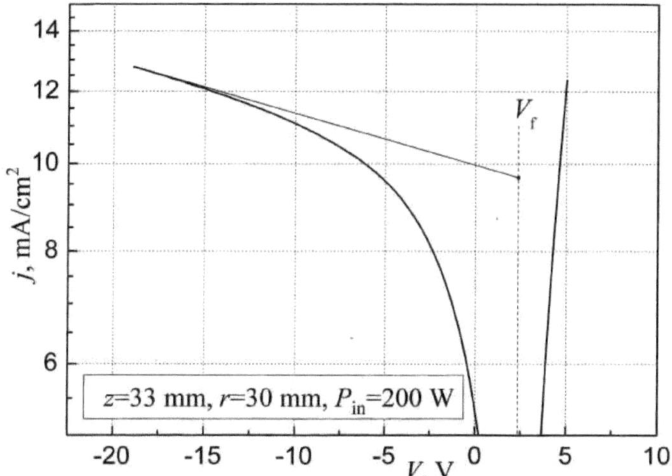

(Fig. 84 - courbes supérieures dans la fenêtre de gauche), ont été linéairement extrapolées à un potentiel flottant. Un exemple de ce type de traitement des VAC semi-logarithmiques pour la sonde plane à *r=30* mm et une puissance incidente RFG, *Pg=200* W est montré à la Fig. 90.

Fig. 90 Un exemple d'extrapolation de branche d'ions pour les VAC semi-logarithmiques du simulateur de sonde à paroi plane

Cette procédure a permis d'obtenir *jf9* mA/cm2. Ce qui est intéressant, c'est que la même densité de courant ionique a été obtenue en utilisant des branches ioniques de VAC à double logarithme - voir Fig. 91.

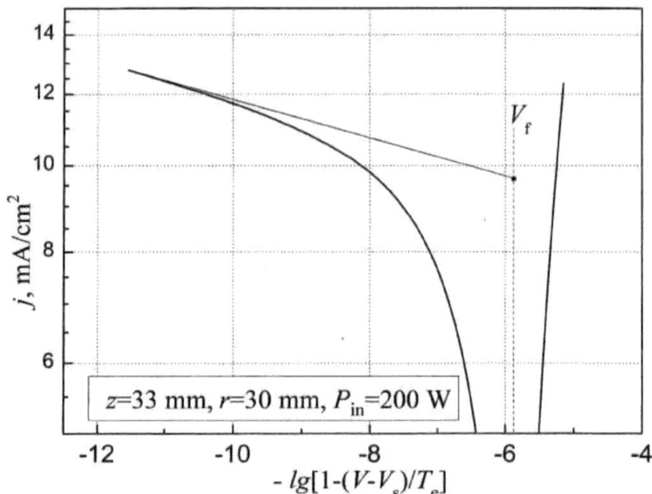

Fig. 91 Un exemple d'extrapolation des branches d'ions pour les VAC à double logarithme du simulateur de sonde à paroi plane

Cette situation était peut-être due à la longueur plutôt faible des tangentes d'extrapolation des branches ioniques des VAC au potentiel flottant *Vf*. Dans [37], ces tangentes étaient beaucoup plus longues et atteignaient le potentiel *Vs* de l'espace plasmatique, où les densités de courant de saturation des ions *jif* obtenues à partir des deux types de VAC différaient sensiblement.

De telles extrapolations ont été effectuées dans toutes les positions radiales. Elles ont abouti à la distribution radiale complète dejif(*r*) pour la sonde plane à *P* ; n=200 W (ligne lourde) présentée à la Fig. 92.

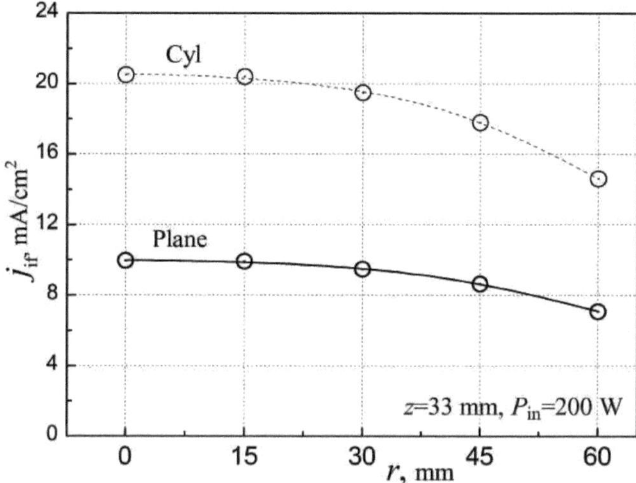

Fig. 92 Comparaison des densités de courant ionique obtenues par des sondes cylindriques et planes

Il démontre une assez bonne uniformité du plasma face à l'extraction du RIT-10F.

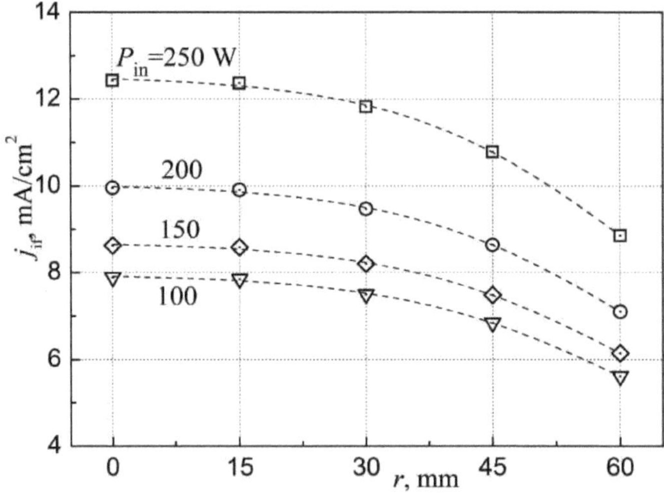

Fig. 93 Densité de courant ionique sur le simulateur de paroi plane à Pin=100^250 W

Cette figure montre l'uniformité spatiale relative de la densité de courant ionique dans notre modèle RIT qui semble plutôt bonne et qui pourrait être bien meilleure si l'ouverture centrale de la bobine d'antenne pouvait être plus large en suivant le prototype de notre modèle [3] où l'ouverture relative était *d/D-0*.62 alors que dans le présent modèle ce rapport était deux fois inférieur. Pour cette raison, la valeur centrale de la densité de courant ionique dans [3] était sensiblement inférieure à ce paramètre dans la position radiale moyenne. Quant aux prédictions *jfr)* obtenues jusqu'à présent pour l'électrode IEG extractrice du modèle RIT, leur exactitude a été confirmée avec une erreur d'environ +30% [38].

À notre connaissance, cette méthode de diagnostic par sonde plane représente également une nouvelle décision technique qui a fait l'objet d'une demande de brevet [39].

Discussion des résultats de mesure

Le diagnostic intégral des appareils ICP caractérise leur forme physico-technique générale qui inclut leur conception et l'ingénierie des circuits des lignes d'alimentation de décharge ICP. En outre, il crée la base pour les diagnostics ultérieurs du plasma local qui sont très importants pour leur développement efficace et montre simultanément les moyens possibles d'améliorer leur efficacité énergétique.

Les nouvelles possibilités proposées ici pour le diagnostic par sonde à plasma ont contribué à son développement ultérieur. Dans l'exemple mentionné ci-dessus [15], les mesures de la sonde se sont déroulées en deux étapes. Dans un premier temps, le fil de la sonde a été positionné dans le canal d'une tige de céramique nue et, dans cette situation, les VAC de la sonde ont été terriblement perturbés sans qu'il soit possible d'effectuer des mesures normales des paramètres du plasma. Pour la deuxième étape, cette tige a été recouverte d'un film protecteur en cuivre, ce qui a permis d'enregistrer les VAC classiques de la sonde et de déterminer les paramètres du plasma. Le présent travail a proposé une troisième étape pour ces mesures afin d'éliminer l'influence négative des écrans protecteurs de la sonde nue.

Le présent travail a montré qu'il perturbait les paramètres du plasma proportionnellement à la longueur du bouclier. Pour comprendre la réalité de cette situation, nous avons pu évaluer le courant I_{SC} dans le blindage de la sonde et dans le plasma qui l'entoure et le comparer au courant moyen de la décharge inductive $I_P \sim$ 2-3 A [13]. Si l'on considère les VAC expérimentaux de la sonde droite avec un bouclier de 1,6 mm de diamètre et jusqu'à 56 mm de long, on obtient $_{ISC} \sim$ 28-56 mA (pour les points initiaux des branches ioniques des VAC de la sonde avec des densités de courant ionique ~10-4A/mm2). Cette sonde était située à z = 33 mm de la surface interne de la fenêtre en quartz. Le courant de décharge à cet endroit devrait être inférieur d'environ un ordre de grandeur au courant de décharge moyen (c'est-à-dire environ 0,2-0,3 A). Par conséquent, l'ISC autour du bouclier de la sonde droite était seulement d'un ordre de grandeur inférieur au courant de décharge local I_P. C'est pourquoi les EEDF à plasma de décharge pourraient être assez sensibles à l'$_{ISC}$, ce qui a été définitivement reflété par les résultats de la présente expérience. Quant à la sonde L, la surface collectrice de son écran protecteur était plus longue et elle était positionnée loin de la fenêtre en quartz. C'est pourquoi ses distorsions EEDF étaient beaucoup plus profondes que celles de la sonde droite.

Lors de la discussion des résultats du présent travail, notre consultant principal, le professeur V. Godyak, a supposé que l'une des raisons des

divergences dans les diagnostics de la sonde pourrait être une composante RF notable du potentiel flottant du plasma fr, qui, dans cette expérience, n'a pas été mesurée pour des raisons d'organisation. Il est bien connu que ce paramètre peut provoquer de graves distorsions des VAC de la sonde, entraînant des erreurs de mesure de la sonde [8]. Pour préparer cette expérience, nous avons suivi les principales caractéristiques de l'installation de V. Godyak [3], en utilisant une bobine d'antenne planaire renforcée par un noyau de ferrite. Dans ce travail, fr a été mesuré dans la large gamme de fréquences de commande, y compris notre f= 2 MHz, pour la puissance RF absorbée par le plasma P_P= 100 W (qui, dans notre installation, correspondait à P_{in}~ 120 W) et pour la gamme de pression du plasma p = (11000) mTorr. Selon [3], pour p = 2 mTorr, ce paramètre était approximativement *HfRF* ~ 0,4 V, ce qui était plusieurs fois inférieur à la température moyenne des électrons T_e~
3.5 eV mesurée dans le présent travail (voir Fig. 70). Dans une telle situation, les distorsions des VAC de la sonde devraient être négligeables [8]. En général, le fp dépend du niveau de P_{in} (dans nos expériences, il a atteint 200 W) et des propriétés du matériau de la ferrite. Par conséquent, il serait utile de mesurer le GRF dans des expériences ultérieures. Cependant, le présent travail a montré que les distorsions EEDF de fF peuvent difficilement dépendre de la longueur du blindage de la sonde nue.

Le présent travail sera très utile pour tous les physiciens engagés dans l'étude des plasmas, en particulier ceux qui s'occupent des plasmas RF, car le diagnostic par sonde de Langmuir est une technique très importante dans les mesures des paramètres du plasma. Les présents résultats montrent que la meilleure façon d'effectuer des mesures objectives des paramètres du plasma RF à l'aide d'une sonde est d'utiliser des écrans de protection recouverts de couches diélectriques pour éliminer le phénomène de double sonde court-circuitée abordé dans ce travail. Dans le cas de sondes ayant des écrans de protection nus, il est avantageux de suivre la méthode proposée dans le présent travail.

Les mesures de l'épaisseur de la gaine de la sonde sont très importantes pour les dispositifs à plasma où le diagnostic du plasma local est nécessaire pour l'organisation des processus plasmatiques ou plasmachimiques ou le processus de fonctionnement des sources d'ions ou des propulseurs. L'interrelation de ce paramètre avec le rayon de la sonde peut être liée à la théorie de la sonde qui est utilisée pour l'interprétation des mesures de la sonde. Quant à la détermination de la masse moyenne des ions, elle caractérise le degré de pureté du propergol ou la qualité de l'étanchéité de la chambre à vide. Ces paramètres supplémentaires du plasma contiennent donc des informations plutôt utiles pour toutes les applications des dispositifs à plasma. Notez que le plasma Maxwellien ou des substances proches de celui-ci sont utilisés dans de nombreux dispositifs technologiques ou propulseurs, donc les applications supplémentaires proposées ici des sondes de Langmuir peuvent être considérées comme très pratiques.

Les distributions radiales présentées de la densité de courant ionique vers une paroi sous potentiel flottant *jfr)* prédisent la quantité possible de retrait d'ions par les IEG du propulseur. Ces informations sont importantes pour les calculs préliminaires de la géométrie, des formes et des dimensions des cellules IEG accélératrices. Notez que les mesures décrites ci-dessus ont été effectuées à une distance notable (36 mm) de l'emplacement de l'IEG. Dans cette situation, une question se pose : leurs résultats caractérisent-ils le plasma devant les électrodes IEG ? La réponse à cette question est positive car nos mesures des distributions longitudinales des paramètres du plasma de xénon dans ce dispositif ont montré qu'entre les diagnostics de la sonde plane à $z=33$ mm et l'emplacement de la IEG à $z-69$ mm, le plasma de xénon était pratiquement uniforme (section II.3.1).

Ce résultat a été obtenu sans électrodes IEG car dans le présent travail, seuls les paramètres physiques et la forme technique de l'unité de décharge gazeuse du RIT-10F ont été étudiés. En général, les distributions radiales de la densité de courant ionique ainsi obtenues (Fig. 93) montrent que le modèle RIT-10F actuel, de conception pratique, fournit un plasma plutôt uniforme près de l'électrode IEG d'extraction, avec un écart de *jif* dans les limites ne dépassant pas ±20% et avec une efficacité énergétique plutôt élevée, jusqu'à 0,88, qui est le résultat de la géométrie de la bobine d'antenne plane et de l'utilisation d'un noyau de ferrite. Comme il a été noté ci-dessus, ces caractéristiques ne représentent pas la limite supérieure de l'uniformité du plasma à côté de l'électrode IEG d'extraction d'ions, mais elles dépassent tout de même sensiblement les paramètres des modèles de RIT testés précédemment [40], de sorte que l'appareil étudié ici peut être considéré comme une perspective plutôt positive pour les RIT de nouvelle génération.

Conclusions

1. Le diagnostic intégral des appareils ICP a été réalisé de manière plus approfondie et plus efficace par rapport à une technique similaire antérieure. C'est pourquoi cette proposition a été protégée par un brevet [4], ce qui signifie que cette décision technique a dépassé le niveau mondial.
2. Trois nouvelles méthodes de diagnostic des sondes de Langmuir ont été proposées, toutes ayant une importance pratique : a) réduction des erreurs de mesure causées par l'influence du bouclier de protection de la sonde nue dans le cas de sondes de Langmuir fournies avec de tels boucliers ; b) mesures des épaisseurs de la gaine de la sonde et de la masse ionique moyenne dans les plasmas maxwelliens ; c) évaluation de la densité de courant ionique vers une paroi sous potentiel flottant, par exemple vers une électrode d'extraction d'ions d'un propulseur/source d'ions, en utilisant un simulateur de sonde à paroi plane mobile dans le bout d'une tige de céramique.
3. Les corrections proposées des résultats de mesure utilisant des sondes avec des écrans de protection nus ont été réalisées pour le plasma de xénon inductif de basse pression (2 mTorr) et à P_{in} = 50-200 W en utilisant la sonde cylindrique droite mobile radialement.
4. Dans l'expérience spéciale avec une masse d'ions xénon connue à P_{in}= 100-200 W, le coefficient de Bohm *CbCyl=0*,745 pour une sonde cylindrique a été déterminé, ce qui est nécessaire pour le diagnostic de la sonde dans les plasmas maxwelliens.
5. Le plasma à côté dudit simulateur de sonde à paroi plane s'est avéré être une substance non maxwellienne où la densité de courant ionique vers cette sonde sous un potentiel flottant ne pouvait être évaluée que par des extrapolations linéaires des branches ioniques des caractéristiques semi- ou double-logarithmiques de la sonde.
6. Les données obtenues sur les distributions radiales de la densité de courant ionique à l'électrode d'extraction du modèle de propulseur ionique ont montré que ce modèle de faible rapport d'aspect avec une bobine d'antenne planaire renforcée par un noyau de ferrite devrait être considéré comme une perspective prometteuse pour les propulseurs de la prochaine génération en raison de la conception de construction simplifiée et compacte du modèle, de son efficacité énergétique plutôt élevée et de la distribution radiale raisonnablement uniforme du plasma qui a une perspective d'amélioration future.

Références

1. Piejak R.B., Godyak V.A., Alexandrovich B.M., A simple analysis of an Inductive RF discharge, Plasma Sourses Sci. Technol., 1992, v.1, p.179-186.
2. Godyak V.A., Piejak R.B., Alexandrovich B.M., Electron energy distribution function measurements and plasma parameters in inductively coupled argon plasma, Plasma Sources Sci. Technol., 2002, v.11, p.525-543.
3. Godyak V.A., Electrical and plasma parameters of ICP with high coupling efficiency, Plasma Sourses Sci. Technol., 2011, paper No. 025004 (7pp).
4. Riaby V.A., Godyak V.A., Obukhov V.A., Masherov P.E., Mogulkin A.I., Method of integral diagnostics of RF inductive gas discharge device, Russian Patent RU2601947, Cl. H05H 1/46, 26.03.2015.
5. Riaby V.A., Obukhov V.A., Kirpichnikov A.P., Masherov P.E., Mogulkin A.I., Integral diagnostics method for a radio-frequency inductively coupled plasma discharge unit of an RF ion thruster, Russian Aeronautics, 2015, n° 4, p. 448-453.
6. Godyak V.A., Crapuchettes C., Nagorny V., Inductive Plasma Source, PCT Patent Application WO 2011/022612 A2, Int. Cl. H05H 1/34, H05H 1/40, priorité 21.08.2009, publiée le 24.02.2011.
7. Devoto R.S., Transport coefficients of partially ionized krypton and xenon, AIAA Journal, 1969, v. 7, No. 2, p. 199-204.
8. Godyak V.A., Demidov V.I., Probe measurements of electron-energy distributions in plasmas : what can we measure and how can we achieve reliable results ? J. Phys. D. Appl. Phys., 2011, v. 44, paper No. 233001.
9. Système de sondes VGPS : www.plasmasensors.com.
10. Riaby V.A., Obukhov V.A. et Masherov P.E., On the objectivity of plasma diagnostics using Langmuir probes, High Voltage Engineering, 2012, Suppl. v. 38, p. 790 (Proc. 19th Int. Conf. on Gas Discharges and their Applications, Beijing, Chine, sept. 2012).
11. Masherov P.E., Influence de la taille relative du premier porte-sonde de la sonde cylindrique de Langmuir sur les résultats du diagnostic local du plasma, Vestnik Moskovskogo aviatsionnogo instituta, 2016, v. 23, n° 2, p. 42-49.
12. Masherov P. E., Riaby V. A., Godyak V. A., Integral electrical characteristics and local plasma parameters of RF ion thruster, Rev. Sci. Instrum., 2016, v. 87, Paper No. 02B926.
13. Riaby V.A., Masherov P.E., Integral and local diagnostics of energy effective model of an RF ion beam source, Proc. of the Rus. Acad. of Sciencies. Power Engineering, 2016, n° 2, p. 46-57.

14. Godyak V. A., Alexandrovich B. M., Kolobov V. I., Lorentz force effects on the electron energy distribution in inductively coupled plasmas, Phys. Rev. E, 2001, v. 64, Paper No. 026406.
15. Rousseau A., Teboul E., Lang N., Hannemann M., et Ropcke J., Langmuir probe diagnostic studies of pulsed hydrogen plasmas in planar microwave reactors, J. Appl. Phys., 2002, v. 92, No. 7, p. 3463-3471.
16. Masherov P. E., Riaby V. A., V. K.Abgaryan V.K., Note : The expansion of possibilities for plasma probe diagnostics, Rev. Sci. Instrum., 2016, v. 87, Paper No. 056104.
17. Masherov P. E., Riaby V. A., Abgaryan V. K., Note : Refined possibilities for plasma probe diagnostics, Rev. Sci. Instrum., 2016, v. 87, Paper No. 086106.
18. Vorobiov V.V., Kondakov M.I., Maliarov A.V., Martynova T.S., Riaby V.A., Savinov V.P., Sporykhin A.A., Yakunin V.G., Method of plasma chemical etching of organic compounds from surfaces of semi-conductor wafers, Invention Certificate 1429842, Int. Cl. H01L 21/306, 1986.
19. Boyarshinov Yu.A., Ermolova N.A., Maliarov A.V., Riaby V.A., Savinov V.P., Sporykhin A.A., Yakunin V.G. Plasma chemical reactor, Invention Certificate 1609392, Int. Cl. H01L 21/302, 1988.
20. Iermolova N.A., Maliarov A.V., Riaby V.A., Savinov V.P., Sporykhin A.A., Scheiko L.N., Yakunin V.G., Physical aspects of dry plasma-chemical etching of photoresist in barrel type reactors, Contr. Papers of the XX ICPIG (Il Ciocco, Italy, 1991).- Pisa : Felici Editore, 1991, v. 1, pp. 325-326.
21. Kireev V.Yu., Kovalevsky V.L., Riaby V.A., Savinov V.P., Sporykhin A.A., Yakunin V.G., Plasma chemical reactor of barrel type, Rus. Brevet RU2024990, Int. C1. 5H01L 21/302, 1992.
22. Alexandrov A.F., Riaby V.A., Savinov V.P., Yakunin V.G., Electrophysical interaction of silicon wafers with glow discharge plasmas, Contr. Papers XI Int. Conf. on Gas Discharges and their Applications (Tokyo, Japan, 1995).- Tokyo : 1995, Part I, pp. 498-501.
23. Riaby V.A., Savinov V.P., Sporykhin A.A., Yakunin V.G., About experimental evaluation of electrostatic voltage arising on MOS-structures during plasma processing, FTIAS Labours, 1995, No. 10, pp. 150-157.
24. Riaby V.A., Savinov V.P., Sporykhin A.A., Yakunin V.G., Electrical damage of MOS structures : The most important factor of plasma degradation of microelectronic chips, Microelectronics, 1996, v. 25, No. 2, pp. 127-134.
25. Riaby V.A., Savinov V.P., Sporykhin A.A., Yakunin V.G., MOS-structure electrical damage is the most important factor of microelectronic chips' plasma degradation, Russian Microelectronics, 1996, v. 25, No. 2, pp. 45-52.
26. Alexandrov A.F., Riaby V.A., Savinov V.P., Yakunin V.G., Conducting

wafer in plasma : Analog of short-circuited double Langmuir probe, Microelectronics, 2005, v.
34, n° 1, pp. 21-26.
27. Lee H.-J., Plaksin V.Yu., Riaby V.A., Measurements of the floating electric potentials in a free plasma flow generated by a DC arc plasmatron, Proc. Int. Conf. on Advanced Technologies (Cheju, Rep. of Korea, Dec. 2006)/- Cheju : Cheju Nat. Univ., 2006, pp. 11-20.
28. Bulaeva M.N., Kirpichnikov A.P., Kravchenko I.V., Loeb H.V., Masherov P.E., Riaby V.A., Tkachenko D.P., Increase of plasma diagnostics precision, Herald of Kazan Technological University, 2012, v. 15, No.18, pp. 69-73.
29. Masherov P.E., Obukhov V.A., Riaby V.A., Savinov V.P., Decrease of plasma perturbations caused by Langmuir probes, Proc. 21 Intern. Symp. on Plasma Chemistry (Cairns, Australie, août 2013).- Cairns : Austr. Nat. Univ., 2013, rapport 410.
[www.ispc-conference.org/ispcproc/ispc21/ID410 .pdf].
30. Masherov P., Riaby V., Abgaryan V., Evaluation de la distribution de la densité de courant ionique sur une électrode d'extraction d'un propulseur ionique à radiofréquence, Plasma Sources Sci. Technol., 2017, v. 26, Paper No. 015004.
31. Riaby V.A., Masherov P.E., Savinov V.P., Yakunin V.G., Une méthode de diagnostic du plasma utilisant des sondes de Langmuir avec des fils protégés par des écrans nus et un dispositif pour sa réalisation, Pat. Appl. n° 2017139277, 13.11.2017.
32. Piejak R., Godyak V., Alexandrovich B., Tishchenko N., Surface temperature and thermal balance of probes immersed in high density plasma, Plasma Sources Sci. Technol., 1998, v. 7, p. 590-598.
33. Bohm D., Caractéristiques des décharges électriques dans les champs magnétiques. Ed. Par A. Guthrie & R. K. Wakerling, N.-Y.-Toronto-London : McGraw-Hill Book Co., Inc, Chs 1&2, 1 (1949).
34. Kozlov O. V., Electrical probe in plasma, Moscou : Atomizdat, 1969, p. 20-21.
35. Piejak R.B., Godyak V.A., Garner R., Alexandrovich B.M., The hairpin resonator : A plasma density measuring technique revisited, J. Appl. Phys., 2004, v. 95, No. 7, p. 3785- 3791.
36. Riaby V.A., Masherov P.E., Une méthode de diagnostic local des plasmas maxwelliens utilisant une seule sonde de Langmuir, Pat. Appl. n° 2016143184, 03.11.2016. " La décision positive a été adoptée le 20.11.2017. "
37. Nuhn B., Peter G., Comparaison de l'évaluation classique et numérique des caractéristiques de la sonde de Langmuir à de faibles densités de plasma - Proc. XIII Int. Conf. on Phenomena in Ionized Gases, Contributed Papers (Berlin,

Allemagne, 1977), 1977, v. 2, pp. 97-98.
38. Balashov V.V., Cherkasova M.V., Kruglov K.I., Kudriavtsev A.V., Masherov P.E., Mogulkin A.I., Obukhov V.A., Riaby V.A., Svotina V.V., Source radiofréquence d'un faisceau d'ions xénon cunéiforme à faible expansion pour l'élimination sans contact de débris spatiaux de grande taille, Rev. Sci. Instrum., 2017, v. 88, papier n° 083304.
39. Masherov P. E., Piskunkov A. F., Riaby V. A., Une méthode de détermination de la densité de courant ionique vers une paroi en contact avec des plasmas et un dispositif pour sa réalisation, Pat. Appl. n° 2016109229, 15.03.2016.
40. Goebel D. M. et Katz I., Fundamentals of electric propulsion : ion and Hall thrusters. NASA : Wiley, USA, 2008.

Printed by Books on Demand GmbH, Norderstedt / Germany